法規隨身讀

建築法規
隨身讀

編者簡介

江軍

曾留學於美國、日本、英國並具備建築、設計及營建、土木工程多重背景，曾任職於建築師事務所、營造廠及建設公司，具有近十年建築相關授課經驗，於多所大專院校及機關單位授課、演講數百場，建築相關領域著作逾二十本及證照百餘張。

學歷：

- 國立台灣科技大學設計學院建築研究所博士候選人
- 英國劍橋大學 (University of Cambridge) 環境設計碩士
- 國立台灣大學土木工程研究所 營建工程與管理碩士
- 法國巴黎高等商學院 (HEC Paris) 創新創業碩士 (在學)
- 國立台灣科技大學建築研究所 物業與設施管理學程
- 國立台灣科技大學建築系學士
- 國立台灣科技大學營建工程系學士

專業資格及證照：

- 美國麻省理工學院Commercial Real Estate Analysis and Investment 結業
- 南非開普敦大學(University of Cape Town) 土地開發與投資證書
- 日本早稻田大学 日本語教育研究科JLP結業
- 教育部專科學校畢業程度自學進修學力鑑定 - 建築工程科
- 英國皇家特許測量師(MRICS)、職業安全管理甲級、營造工程管理甲級、建築工程管理甲級、職業安全衛生管理乙級、建築工程管理乙級、建築物室內裝修工程管理乙級、營造工程管理乙級、工程測量乙級、裝潢木工乙級、建築物公共安全檢查認可證、建築物室內裝修專業技術人員登記證、消防設備士、國際專案管理師PMP、LEED-AP、WELL-AP、 日本Sick-house病態建築二級診斷士等。

經歷：

- 力信建設開發集團 董事長特助
- 中華工程股份有限公司 工程師
- 博納實業有限公司 負責人

教學經驗：

- 中國文化大學推廣教育部 授課講師
- 國立台灣大學 土木系助教
- 宜蘭縣勞工教育協進會 講師
- 致理科技大學 業界專家講師
- 黎明技術學院 業界專家講師

相關著作與專利：

- 工地主任試題精選解析
- 最詳細！營造工程管理全攻略
- 建築工程管理技能檢定全攻略｜最詳細甲乙級學術科試題解析
- <世界名師經典>圖解綠建築
- 智取 建築工程管理乙級技術士術科破解攻略
- 智取 建築工程管理乙級技術士重點精解暨學科破解攻略
- LEED AP BD+C 建築設計與施工應考攻略
- 一種牆體用的吸音建築隔板(中國新型實用專利)
- 一種用於建築工地的隔音牆體(中國新型實用專利)

建築法規隨身讀 使用說明

親愛的讀者，您好：

非常感謝您購買本系列套書。對於建築領域的考生或是從業人員來說，建築法規的系統不僅多且繁雜，內容牽涉到許多數字與時間的記憶，更是常常讓人無所適從。因此，我們特別開發了本系列「隨身讀」法規叢書，讓您不論是工作上的需求或是考試需要記憶，都可以放在口袋中隨時翻閱，不再需要厚重的法規叢書，定可讓您一舉摘金。

本書設計特色，請您務必詳閱，定能使本書發揮最大功效：

1. 依照專業類別分冊設計，您不需要一次攜帶全部的法規書。

2. 重點分別以一~三顆星，表示法規之重要程度。

3. 法條文字以橘色字體搭配紅色遮色片，讓您加強關鍵字記憶。

本書符號與標示說明：

NEW = 新修法條，根據本書出版年份最新修正的法條在前面以此符號表示。

★ = 重要度，本書以星號數作為重要度指標，三顆星為最重要，星號越少代表重要程度越低。

📖 = 參考法規附件，由於本書只收錄最重要之法規表格與附件，其他附表與附件請自行至全國法規資料庫下載。

重點 = 重要關鍵字，搭配書後紅色遮色片遮住後關鍵字即會消失。

(刪除) = 法條刪除，已刪除的法條為了避免遺漏，還是會標註於後方。

> 補充重點用框表示，中間可能有編者的額外補充說明。

敬祝 平安順心 試試順利

編者 江軍 謹誌

建築技術規則構造設備篇 目錄

第一章

建築技術規則總則編

民國 109 年 10 月 19 日

第1條
☆☆☆
○check

本規則依建築法(以下簡稱本法)第九十七條規定訂之。

第2條
★☆☆
○check

本規則之適用範圍,依本法第三條規定。但未實施都市計畫地區之供公眾使用與公有建築物,實施區域計畫地區及本法第一百條規定之建築物,中央主管建築機關另有規定者,從其規定。

適用範圍:
一、實施都市計畫地區。
二、實施區域計畫地區。
三、經內政部指定地區。

第3條
★☆☆
○check

建築物之設計、施工、構造及設備,依本規則各編規定。但有關建築物之防火及避難設施,經檢具申請書、<u>建築物防火避難性能設計</u>計畫書及<u>評定書</u>向中央主管建築機關申請認可者，得不適用本規則建築設計施工編第三章、第四章一部或全部，或第五章、第十一章、第十二章有關建築物防火避難一部或全部之規定。

前項之建築物防火避難性能設計評定書，應由中央主管建築機關指定之機關(構)、學校或團體辦理。

第一項之申請書、建築物防火避難性能設計計畫書及評定書格式、應記載事項、得免適用之條文、認可程序及其他應遵循事項，由中央主管建築機關另定之。

第二項之機關(構)、學校或團體，應具備之條件、指定程序及其應遵循事項，由中央主管建築機關另定之。

特別用途之建築物專業法規另有規定者，各該專業主管機關應請中央主管建築機關轉知之。

第3-1條
☆☆☆
◯check

建築物增建、改建或變更用途時，其設計、施工、構造及設備之檢討項目及標準，由中央主管建築機關另定之，未規定者依本規則各編規定。

第3-2條
★★☆
◯check

直轄市、縣(市)主管建築機關為因應當地發展特色及地方特殊環境需求，得就下列事項另定其設計、施工、構造或設備規定，報經中央主管建築機關核定後實施：

一、 私設通路及基地內通路。

二、 建築物及其附置物突出部分。但都市計畫法令有規定者，從其規定。

三、 有效日照、日照、通風、採光及節約能源。

四、 建築物停車空間。但都市計畫法令有規定者，從其規定。

五、 除建築設計施工編第一百六十四條之一規定外之建築物之樓層高度與其設計、施工及管理事項。

合法建築物因震災毀損，必須全部拆除重行建築或部分拆除改建者，其設計、施工、構造及設備規定，得由直轄市、縣(市)主管建築機關另定，報經中央主管建築機關核定後實施。

第3-3條
★★★
〇check

建築物用途分類之類別、組別定義，應依下表規定；其各類組之用途項目，由中央主管建築機關另定之。

類別		類別定義	組別	組別定義
A類	公共集會類	供集會、觀賞、社交、等候運輸工具，且無法防火區劃之場所。	A-1 集會表演	供集會、表演、社交，且具觀眾席及舞臺之場所。
			A-2 運輸場所	供旅客等候運輸工具之場所。
B類	商業類	供商業交易、陳列展售、娛樂、餐飲、消費之場所。	B-1 娛樂場所	供娛樂消費，且處封閉或半封閉之場所。
			B-2 商場百貨	供商品批發、展售或商業交易，且使用人替換頻率高之場所。
			B-3 餐飲場所	供不特定人餐飲，且直接使用燃具之場所。
			B-4 旅館	供不特定人士休息住宿之場所。
C類	工業、倉儲類	供儲存、包裝、製造、修理物品之場所。	C-1 特殊廠庫	供儲存、包裝、製造、修理工業物品，且具公害之場所。
			C-2 一般廠庫	供儲存、包裝、製造一般物品之場所。

類別		類別定義	組別	組別定義
D類	休閒、文教類	供運動、休閒、參觀、閱覽、教學之場所。	D-1 健身休閒	供低密度使用人口運動休閒之場所。
			D-2 文教設施	供參觀、閱覽、會議,且無舞臺設備之場所。
			D-3 國小校舍	供國小學童教學使用之相關場所。(宿舍除外)
			D-4 校舍	供國中以上各級學校教學使用之相關場所。(宿舍除外)
			D-5 補教托育	供短期職業訓練、各類補習教育及課後輔導之場所。
E類	宗教、殯葬類	供宗教信徒聚會殯葬之場所。	E 宗教、殯葬類	供宗教信徒聚會、殯葬之場所。
F類	衛生、福利、更生類	供身體行動能力受到健康、年紀或其他因素影響,需特別照顧之使用場所。	F-1 醫療照護	供醫療照護之場所。
			F-2 社會福利	供身心障礙者教養、醫療、復健、重建、訓練(庇護)、輔導、服務之場所。
			F-3 兒童福利	供學齡前兒童照護之場所。
			F-4 戒護場所	供限制個人活動之戒護場所。
G類	辦公、服務類	供商談、接洽、處理一般事務或一般門診、零售、日常服務之場所。	G-1 金融證券	供商談、接洽、處理一般事務,且使用人替換頻率高之場所。
			G-2 辦公場所	供商談、接洽、處理一般事務之場所。
			G-3 店鋪診所	供一般門診、零售、日常服務之場所。

類別		類別定義	組別	組別定義
H類	住宿類	供特定人住宿之場所。	H-1 宿舍安養	供特定人短期住宿之場所。
			H-2 住宅	供特定人長期住宿之場所。
I類	危險物品類	供製造、分裝、販賣、儲存公共危險物品及可燃性高壓氣體之場所。	I 危險廠庫	供製造、分裝、販賣、儲存公共危險物品及可燃性高壓氣體之場所。

第3-4條
★★★
○check

下列建築物應辦理防火避難綜合檢討評定，或檢具經中央主管建築機關認可之建築物防火避難性能設計計畫書及評定書；其檢具建築物防火避難性能設計計畫書及評定書者，並得適用本編第三條規定：

一、 高度達25層或90公尺以上之高層建築物。但僅供建築物用途類組H-2組使用者，不在此限。

二、 供建築物使用類組B-2組使用之總樓地板面積達3萬平方公尺以上之建築物。

三、 與地下公共運輸系統相連接之地下街或地下商場。

前項之防火避難綜合檢討評定，應由中央主管建築機關指定之機關(構)、學校或團體辦理。

第一項防火避難綜合檢討報告書與評定書應記載事項及其他應遵循事項，由中央主管建築機關另定之。

第二項之機關(構)、學校或團體，應具備之條件、指定程序及其應遵循事項，由中央主管建築機關另定之。

第4條
NEW
★☆☆
○check

建築物應用之各種材料及設備規格，除中華民國國家標準有規定者從其規定外，應依本規則規定。但因當地情形，難以應用符合本規則與中華民國國家標準材料及設備，經直轄市、縣(市)主管建築機關同意修改設計規定者，不在此限。

建築材料、設備與工程之查驗及試驗結果，應達本規則要求；如引用新穎之建築技術、新工法或建築設備，適用本規則確有困難者，或尚無本規則及中華民國國家標準適用之特殊或國外進口材料及設備者，應檢具申請書、試驗報告書及性能規格評定書，向中央主管建築機關申請認可後，始得運用於建築物。

中央主管建築機關得指定機關(構)、學校或團體辦理前項之試驗報告書及性能規格評定書，並得委託經指定之性能規格評定機關(構)、學校或團體辦理前項認可。

第二項申請認可之申請書、試驗報告書及性能規格評定書之格式、認可程序及其他應遵行事項，由中央主管建築機關另定之。

第三項之機關(構)、學校或團體，應具備之條件、指定程序及其應遵行事項，由中央主管建築機關另定之。

第5條
☆☆☆
○check

本規則由中央主管建築機關於發布後隨時檢討修正及統一解釋，必要時得以圖例補充規定之。

第5-1條
☆☆☆
○check

建築物設計及施工技術之規範，由中央主管建築機關另定之。

第6條
★☆☆
○check

中央主管建築機關，得組設<u>建築技術審議委員會</u>，以從事建築設計、施工、構造、材料與設備等技術之審議、研究、建議及改進事項。

建築設計如有益於<u>公共安全</u>、<u>公共交通</u>及<u>公共衛生</u>，且對於<u>都市發展</u>、<u>建築藝術</u>、<u>施工技術</u>或公益上確有重大貢獻，並經建築技術審議委員會審議認可者，得另定標準適用之。

第7條
☆☆☆
○check

本規則施行日期，由中央主管建築機關以命令定之。

第二章

建築技術規則建築構造編

民國110年01月19日

第 一 章 基本規則

第一節 設計要求

第1條
☆☆☆
〇check

建築物構造須依業經公認通用之設計方法，予以合理分析，並依所規定之需要強度設計之。剛構必須按其束制程度及構材勁度，分配適當之彎矩設計之。

第2條
★☆☆
〇check

建築物構造各構材之強度，須能承受靜載重與活載重，並使各部構材之有效強度，不低於本編所規定之設計需要強度。

第3條
★☆☆
〇check

建築物構造除垂直載重外，須設計能以承受風力或地震力或其他橫力。風力與地震力不必同時計入；但需比較兩者，擇其較大者應用之。

第4條
☆☆☆
◯check

本編規定之材料容許應力及基土支承力，如將風力或地震力與垂直載重合併計算時，得增加 1/3。但所得設計結果不得小於僅計算垂直載重之所得值。

第5條
★☆☆
◯check

建築物構造之設計圖，須明確標示全部構造設計之<u>平面</u>、<u>立面</u>、<u>剖面</u>及各構材<u>斷面</u>、<u>尺寸</u>、用料<u>規格</u>、相互<u>接合</u>關係：並能達到明細周全，依圖施工無疑義。繪圖應依公制標準，一般構造尺度，以<u>公分</u>為單位；精細尺度，得以<u>公厘</u>為單位，但須於圖上詳細說明。

第6條
☆☆☆
◯check

建築物之結構計算書，應詳細列明<u>載重</u>、材料<u>強度</u>及<u>結構設計</u>計算。所用標註及符號，均應與設計圖一致。

第7條
☆☆☆
◯check

使用電子計算機程式之結構計算，可以設計標準、輸入值、輸出值等能以符合結構計算規定之資料，代替計算書。但所用電子計算機程式必須先經直轄市、縣(市)主管建築機關備案。當地主管建築機關認為有需要時，應由設計人提供其他方法證明電子計算機程式之確實，作為以後同樣設計之應用。

第二節　施工品質

第8條
★☆☆
○check

建築物構造施工，須以施工說明書詳細說明施工品質之需要，除設計圖及詳細圖能以表明者外，所有為達成設計規定之施工品質要求，均應詳細載明施工說明書中。

第9條
☆☆☆
○check

建築物構造施工期中，監造人須隨工作進度，依中華民國國家標準，取樣試驗證明所用材料及工程品質符合規定，特殊試驗得依國際通行試驗方法。
施工期間工程疑問不能解釋時，得以試驗方法證明之。

第三節　載重

第10條
★★★
○check

靜載重為建築物本身各部份之重量及固定於建築物構造上各物之重量，如牆壁、隔牆、樑柱、樓版及屋頂等，可移動隔牆不作為靜載重。

第11條

★★☆

○check

建築物構造之靜載重,應予按實核計。建築物應用各種材料之單位體積重量,應不小於左表所列,不在表列之材料,應按實計算重量。

材料名稱	重量(公斤／立方公尺)	材料名稱	重量(公斤／立方公尺)
普通黏土	1600	銅	8900
飽和濕土	1800	礦物溶滓	1400
乾沙	1700	浮石	900
飽和濕沙	2000	砂石	2000
乾碎石	1700	花崗石	2500
飽和濕碎石	2100	大理石	2700
濕沙及碎石	2300	磚	1900
飛灰火山灰	650	泡沫混凝土	1000
水泥混凝土	2300	鋼筋混凝土	2400
煤屑混凝土	1450	黃銅紫銅	8600
石灰三合土	1750	生鐵	7200
針葉樹木材	500	熟鐵	7650
闊葉樹木材	650	鋼	7850
硬木	800	鉛	11400
鋁	2700	鋅	8900

第12條

NEW

★☆☆

○check

屋面重量,應按實計算,並不得小於下表所列;不在表列之屋面亦應按實計算重量:

屋面名稱	重量(公斤／平方公尺)	屋面名稱	重量(公斤／平方公尺)
文化瓦	60	白鐵皮浪版	7.5
水泥瓦	45	鋁反浪版	2.5

屋面名稱	重量(公斤／平方公尺)	屋面名稱	重量(公斤／平方公尺)
紅土瓦	<u>120</u>	六毫米玻璃	<u>16</u>
單層瀝青防水紅	3.5		

第13條
★☆☆
○check
天花板(包括暗筋)重量，應按實計算，並不得小於左表所列；不在表列之天花板，亦應按實計算重量：

天花版名稱	重量(公斤／平方公尺)	天花版名稱	重量(公斤／平方公尺)
蔗版吸音版	<u>15</u>	耐火版	<u>20</u>
三夾版	15	石灰版條	40

第14條
★☆☆
○check
地版面分實舖地版及空舖地版兩種，其重量應按實計算，並不得小於左表所列，不在表列之地版面，亦應按實計算重量：

實舖地版名稱	重量(公斤／平方公尺／1公分厚)	實舖地版名稱	重量(公斤／平方公尺／1公分厚)
水泥沙漿粉光	<u>20</u>	舖馬賽克	<u>20</u>
磨石子	<u>24</u>	舖瀝青地磚	25
舖塊石	<u>30</u>	舖拼花地版	15

空舖地版名稱	重量(公斤／平方公尺)
木地版(包括擱柵)	<u>15</u>
疊蓆(包括木版擱柵)	35

第15條

★★☆

○check

牆壁量重，按牆壁本身及牆面粉刷與貼面，分別按實計算，並不得小於左表所列；不在表列之牆壁亦應按實計算重量：

牆壁名稱		重量(公斤／平方公尺)	牆壁名稱	重量(公斤／平方公尺)
紅磚牆	一磚厚	<u>440</u>	魚鱗版牆	25
混凝土空心磚牆	20公分	<u>250</u>	灰版條牆	50
	15公分	<u>190</u>	甘蔗版牆	8
	10公分	<u>130</u>	夾版牆	6
煤屑空心磚牆	20公分	165	竹笆牆	48
	15公分	135	空心紅磚牆	192
	10公分	100	白石磚牆一磚厚	440

牆面粉刷及貼面名稱	重量(1公分厚)(公斤／平方公尺)
水泥沙漿粉刷	<u>20</u>
貼面磚馬賽克	<u>20</u>
貼搗擺磨石子	20
洗石子或斬石子	20
貼大理石片	<u>30</u>
貼塊石片	<u>25</u>

第16條

★★★

○check

垂直載重中不屬於靜載重者，均為活載重，活載重包括建築物室內<u>人員</u>、<u>傢俱</u>、<u>設備</u>、貯藏<u>物品</u>、活動<u>隔間</u>等。工廠建築應包括機器設備及堆置材料等。倉庫建築應包括貯藏<u>物品</u>、搬運<u>車輛</u>及吊裝<u>設備</u>等。積雪地區應包括<u>雪</u>載重。

第17條
★★★
○check

建築物構造之活載重，因樓地版之用途而不同，不得小於左表所列；不在表列之樓地版用途或使用情形與表列不同，應按實計算，並須詳列於結構計算書中：

樓地版用途類別	載重(公斤／平方公尺)
一、<u>住宅</u>、旅館客房、病房。	200
二、<u>教室</u>。	250
三、<u>辦公室</u>、<u>商店</u>、餐廳、圖書閱覽室、醫院手術室及<u>固定座位</u>之集會堂、電影院、戲院、歌廳與演藝場等。	300
四、<u>博物館</u>、健身房、保齡球館、太平間、市場及<u>無固定座位</u>之集會堂、電影院、戲院歌廳與演藝場等。	400
五、<u>百貨</u>商場、拍賣<u>商場</u>、舞廳、夜總會、<u>運動場</u>及看臺、操練場、工作場、<u>車庫</u>、臨街看臺、太平樓梯與公共走廊。	500
六、<u>倉庫</u>、<u>書庫</u>	600
七、走廊、樓梯之活載重應與室載重相同，但供公眾使用人數眾多者如教室、集會堂等之公共走廊、樓梯每平方公尺不得少於<u>400</u>公斤。	
八、屋頂露臺之活載重得較室載重每平方公尺減少<u>50</u>公斤，但供公眾使用人數眾多者，每平方公尺不得少於<u>300</u>公斤。	

第18條
☆☆☆
○check

承受<u>重載</u>之樓地版，如作業場、倉庫、書庫、車庫等，須以明顯耐久之標誌，在其應用位置<u>標示</u>，建築物使用人，應負責使實用活載重不超過<u>設計活載重</u>。

第19條
★☆☆
○check

作業場、停車場如須通行車輛，其樓地版之活載重應按車輛<u>後輪載重</u>設計之。

第20條
★★☆
○check

辦公室樓地版須核計以<u>1公噸</u>分佈於<u>80公分見方</u>面積之集中載重，替代每平方公尺<u>300公斤</u>均佈載重，並依產生應力較大者設計之。

第21條
★☆☆
○check

辦公室或類似應用之建築物。如採用活動隔牆，應按每平方公尺<u>100公斤</u>均佈活載重設計之。

第22條
★★☆
○check

陽台欄杆、樓梯欄杆、須依欄杆頂每公尺受橫力<u>30公斤</u>設計之。

第23條
★★☆
○check

建築物構造承受活載重並有衝擊作用時，除另行實際測定者，按實計計算外，應依左列加算活載重。

一、承受電梯之構材，加電梯重之<u>100%</u>。

二、承受架空吊車之大樑：

(一) 行駛速度在每分鐘<u>60公尺</u>以下時，加車輪載重<u>10%</u>，60公尺以上時，

　　　　　加車輪載重的<u>20%</u>。

(二) 軌道無接頭，行駛速
　　　度在每分鐘<u>90公尺</u>以
　　　下時，加車輪載重的
　　　<u>10%</u>，90公尺以上時，
　　　加車輪載重<u>20%</u>。

三、承受電動機轉動輕機器之構
　　材，加機器重量<u>20%</u>。

四、承受往復式機器或原動機之
　　構材。加機器重量<u>50%</u>。

五、懸吊之樓版或陽台，加活載
　　重<u>30%</u>。

第24條
☆☆☆
○check

架空吊車所受橫力，應依左列規
定：

一、架空吊車行駛方向之剎車力，
　　為剎止各車輪載重<u>15%</u>，作
　　用於軌道頂。

二、架空吊車行駛時，每側車道
　　樑承受架空吊車擺動之側
　　力，為吊車車輪重<u>10%</u>，作
　　用於車道樑之軌頂。

三、架空吊車斜向牽引工作時，
　　構材受力部份之應予核計。

四、地震力依吊車重量核計，作
　　用於軌頂，不必計吊載重量。

第25條
★☆☆
○check

用以設計屋架、樑、柱、牆、基礎之活載重如未超過每平方公尺 <u>500公斤</u>，亦非公眾使用場所，構材承受載重面積超過 <u>14平方公尺</u>時，得依每平方公尺樓地版面積 <u>0.85%</u> 折減率減少，但折減不能超過 <u>60%</u> 或左式之百分值。

$$R = 23\left(1 + \frac{D}{L}\right)$$

R： 為折減百分值。
D： 為構材載重面積，每平方公尺之靜載重公斤值。
L： 為構材載重面積，每平方公尺之活載重公斤值。

活載重超過每平方公尺500公斤時，僅柱及基礎之活載重得以減少 <u>20%</u>。

第26條
☆☆☆
○check

不作用途之屋頂，其水平投影面之活載重每平方公尺不得小於左表列之公斤重量：

屋頂度	載重面積(水平投影面)：平方公尺		
	<u>20</u>以下	<u>20</u>以上至<u>60</u>	<u>60</u>以上
平頂			
1\6以上拱頂	<u>100</u>	<u>80</u>	<u>60</u>
1\8以上拱頂			

屋頂度	載重面積(水平投影面)：平方公尺		
	20以下	20以上至60	60以上
1＼6至1＼2坡頂 1＼8至3＼8拱頂	80	70	60
1＼2以上坡頂 3＼8以上拱頂	60	60	60

第27條
☆☆☆
○check
雪載重僅須在積雪地區視為額外活載重計入，可依本編第二十六條規定設計之。

第28條
★☆☆
○check
計算連續樑之強度時，活載重須依全部負載、相鄰負載、間隔負載等各種配置，以求算最大剪力及彎矩，作為設計之依據。

第29條
★☆☆
○check
計算屋架或橫架之強度時，須以屋架一半負載活載重與全部負載活載比較，以求得最大應力及由一半跨度負載產生之反向應力。

第30條
☆☆☆
○check
吊車載重應視為額外活載重，並按吊車之移動位置與吊車之組合比較，以求得構材之最大應力。

第31條
★☆☆
○check
計算柱接頭或柱腳應力時，應比較僅計算靜載重與風力或地震力組合不計活載重之應力，與計入活載重組合之應力，而以較大者設計之。

2-11

第四節　耐風設計

第32條
☆☆☆
◯check

封閉式、部分封閉式及開放式建築物結構或地上獨立結構物，與其局部構材、外部被覆物設計風力之計算及耐風設計，依本節規定辦理。

建築物耐風設計規範及解說(以下簡稱規範)由中央主管建築機關另定之。

第33條
★★☆
◯check

封閉式、部分封閉式及開放式建築物結構或地上獨立結構物主要風力抵抗系統所應承受之設計風力，依下列規定：

一、設計風力計算式：應考慮建築物不同高度之風速壓及陣風反應因子，其計算式及風壓係數或風力係數依規範規定。

二、風速之垂直分布：各種地況下，風速隨距地面高度增加而遞增之垂直分布法則依規範規定。

三、基本設計風速：
　　(一) 任一地點之基本設計風速，係假設該地點之地況為平坦開闊之地面，離地面<u>10公尺</u>高，相對於50年回歸期之<u>10分鐘平均風速</u>。

(二) 臺灣地區各地之<u>基本設計風速</u>，依規範規定。

四、<u>用途係數</u>：一般建築物之設計風速，其回歸期為<u>50年</u>，其他各類建築物應依其重要性，對應合宜之回歸期，訂定用途係數。用途係數依規範規定。

五、<u>風速壓</u>：各種不同用途係數之建築物在不同地況下，不同高度之風速壓計算式，依規範規定。

六、<u>地形對風速壓之影響</u>：對獨立山丘、山脊或懸崖等特殊地形，風速壓應予修正，其修正方式依規範規定。

七、陣風反應因子：

(一) 陣風反應因子係考慮風速具有隨時間變動之特性，及其對建築物之影響。此因子將<u>順風向</u>造成之動態風壓轉換成等值風壓處理。

(二) 不同高度之陣風反應因子與地況關係，其計算式依規範規定。

(三) 對風較敏感之柔性建築物，其陣風反應因子應考慮建築物之動力特性，其計算式依規範規定。

八、 <u>風壓係數</u>及風力係數：封閉式、部分封閉式及開放式建築物或地上獨立結構物所使用之風壓係數及風力係數，依規範規定。

九、 <u>橫風向</u>之風力：建築物應檢核避免在設計風速內，發生渦散頻率與建築物自然頻率接近而產生之共振及空氣動力不穩定現象。於不產生共振及空氣動力不穩定現象情況下，橫風向之風力應依規範規定計算。

十、 作用在建築物上之<u>扭矩</u>：作用在建築物上之扭矩應依規範規定計算。

十一、設計風力之組合：建築物同時受到順風向、橫風向及扭矩之作用，設計時風力之組合依規範規定。

第34條
★☆☆
◯check

局部構材與外部被覆物之設計風壓及風力依下列規定：

一、封閉式及部分封閉式建築物或地上獨立結構物中局部構材及外部被覆物之設計風壓應考慮外風壓及內風壓；有關設計風壓之計算式及外風壓係數、內風壓係數依規範規定。

二、開放式建築物或地上獨立結構物中局部構材及外部被覆物之設計風力計算式以及風力係數，依規範規定。

第35條
☆☆☆
◯check

建築物最高居室樓層側向加速度之控制依下列規定：

一、建築物最高居室樓層容許尖峰加速度值：為控制風力作用下建築物引起之振動，最高居室樓層側向加速度應予以限制，其容許尖峰加速度值依規範規定。

二、最高居室樓層側向加速度之計算：最高居室樓層振動尖峰加速度值，應考量順風向振動、橫風向振動及扭轉振動所產生者；順風向振動、橫風向振動及扭轉振動引起最高居室樓層總振動尖峰加速度之計算方法，依規範規定。

三、降低建築物最高居室樓層<u>側向加速度裝置</u>之使用：提出詳細設計資料，並證明建築物最高居室樓層總振動尖峰加速度值在容許值以內者，得採用降低建築物側向加速度之裝置。

四、評估建築物側向尖峰加速度值，依規範規定，使用<u>較短</u>之回歸期計算。

第36條 (刪除)

第37條 (刪除)

第38條
★☆☆
○check
基本設計風速得依風速統計資料，考慮不同風向產生之效應。其分析結果，應檢附申請書及統計分析報告書，向中央主管建築機關申請認可後，始得運用於<u>建</u>

築物耐風設計。

前項統計分析報告書，應包括風速統計紀錄、風向統計分析方法及不同風向**50年回歸期**之基本設計風速分析結果等事項。

中央主管建築機關為辦理第一項基本設計風速之方向性分析結果認可，得邀集相關專家學者組成認可小組審查。

第39條 (刪除)

第39-1條 建築物施工期間應提供足夠之臨
☆☆☆ 時性支撐，以抵抗作用於結構構
○check 材或組件之風力。施工期間搭建
之臨時結構物並應考慮適當之風
力，其設計風速得依規範規定採
用較短之回歸期。

第40條 (刪除)

第41條 建築物之耐風設計，依規範無法
★☆☆ 提供所需設計資料者，得進行風
○check 洞試驗。
進行風洞試驗者，其設計風力、
設計風壓及舒適性評估得以風洞
試驗結果設計之。

風洞試驗之主要項目、應遵守之模擬要求及設計時風洞試驗報告之引用，應依規範規定。

第五節　耐震設計

第41-1條
☆☆☆
○check

建築物耐震設計規範及解說(以下簡稱規範)由中央主管建築機關另定之。

第42條
★★★
○check

建築物構造之耐震設計、地震力及結構系統，應依左列規定：

一、耐震設計之基本原則，係使建築物結構體在<u>中小度地震</u>時保持在<u>彈性限度</u>內，設計地震時得容許產生<u>塑性變形</u>，其韌性需求不得超過<u>容許韌性容量</u>，最大考量地震時使用之韌性可以達其韌性容量。

二、建築物結構體、非結構構材與設備及非建築結構物，應設計、建造使其能抵禦任何方向之地震力。

三、地震力應假設橫向作用於<u>基面以上</u>各層樓板及屋頂。

四、建築物應進行<u>韌性設計</u>，構材之韌性設計依本編各章相關規定辦理。

五、風力或其他載重之載重組合大於地震力之載重組合時，建築物之構材應按風力或其他載重組合產生之內力設計，其耐震之韌性設計依規範規定。

六、抵抗地震力之結構系統分左列6種：

（一）<u>承重牆</u>系統：結構系統無完整承受垂直載重立體構架，<u>承重牆</u>或斜撐系統須承受全部或大部分垂直載重，並以<u>剪力牆</u>或<u>斜撐構架</u>抵禦地震力者。

（二）<u>構架</u>系統：具承受垂直載重完整立體構架，以剪力牆或斜撐構架抵禦地震力者。

（三）<u>抗彎矩構架</u>系統：具承受垂直載重完整立體構架，以<u>抗彎矩構架</u>抵禦地震力者。

(四) 二元系統：具有左列特性者：

1. 完整立體構架以承受垂直載重。

2. 以剪力牆、斜撐構架及韌性抗彎矩構架或混凝土部分韌性抗彎矩構架抵禦地震水平力，其中抗彎矩構架應設計能單獨抵禦25%以上的總橫力。

3. 抗彎矩構架與剪力牆或抗彎矩構架與斜撐構架應設計使其能抵禦依相對勁度所分配之地震力。

(五) 未定義之結構系統：不屬於前四目之建築結構系統者。

(六) 非建築結構物系統：建築物以外自行承擔垂直載重與地震力之結構物系統者。

七、 建築物之耐震分析可採用靜力分析方法或動力分析方法，其適用範圍由規範規定之。

前項第三款規定之<u>基面</u>係指<u>地震輸入於建築物構造之水平面</u>，或可使其上方之構造視為振動體之水平面。

第43條
☆☆☆
◯check

建築物耐震設計之震區劃分，由中央主管建築機關公告之。

第43-1條
★★★
◯check

建築物構造採用靜力分析方法者，應依左列規定：

一、適用於高度未達<u>50公尺</u>或未達<u>15層</u>之規則性建築物。

二、構造物各主軸方向分別所受地震之最小設計水平總橫力V應考慮左列因素：

　(一) 應依工址附近之地震資料及地體構造，以可靠分析方法訂定工址之地震危害度。

　(二) 建築物之用途係數值(I)如左；建築物種類依規範規定。

　　1. <u>第一類</u>建築物：地震災害發生後，必須維持機能以救濟大眾之重要建築物。

$I=1.5$。

2. 第二類建築物：儲存多量具有毒性、爆炸性等危險物品之建築物。

$I=1.5$。

3. 第三類建築物：由規範指定之公眾使用建築物或其他經中央主管建築機關認定之建築物。

$I=1.25$。

4. 第四類建築物：其他一般建築物。

$I=1.0$。

(三) 應依工址地盤軟硬程度或特殊之地盤條件訂定適當之反應譜。地盤種類之判定方法依規範規定。使用反應譜時，建築物基本振動周期得依規範規定之經驗公式計算，或依結構力學方法計算，但設計周期上限值依規範規定之。

(四) 應依強度設計法載重組合之載重係數，或工作應力法使用之容許應力調整設計地震力，使有相同的耐震能力。

(五) 計算設計地震力時，可考慮抵抗地震力結構系統之類別、使用結構材料之種類及韌性設計，確認其韌性容量後，折減設計地震及最大考量地震地表加速度，以彈性靜力或動力分析進行耐震分析及設計。各種結構系統之韌性容量及結構系統地震力折減係數依規範規定。

(六) 計算地震總橫力時，建築物之有效重量應考慮建築物全部靜載重。至於活動隔間之重量，倉庫、書庫之活載重百分比及水箱、水池等容器內容物重量亦應計入；其值依規範規定。

(七) 為避免建築物因設計地震力太小，在中小度地震過早降伏，造成使用

上及修復上之困擾，其
地震力之大小依規範規
定。

三、 最小總橫力應豎向分配於構
造之各層及屋頂。屋頂外加
集中橫力係反應建築物高振
態之效應，其值與建築物基
本振動周期有關。地震力之
豎向分配依規範規定。

四、 建築物地下各層之設計水平
地震力依規範規定。

五、 耐震分析時，建築結構之模
擬應反映實際情形，並力求
幾何形狀之模擬、質量分布、
構材斷面性質與土壤及基礎
結構互制等之模擬準確。

六、 為考慮質量分布之不確定
性，各層質心之位置應考
慮由計算所得之位置偏移。
質量偏移量及造成之動態意
外扭矩放大的作用依規範規
定。

七、 地震產生之層間相對側向位
移應予限制，以保障非結構
體之安全。檢核層間相對側
向位移所使用的地震力、容

許之層間<u>相對側向位移角</u>及
為避免地震時引起的變形造
成鄰棟建築物間之相互碰
撞，建築物應留設適當間隔
之數值依規範規定。

八、 為使建築物各層具有均勻之
<u>極限剪力強度</u>，無顯著<u>弱層</u>
存在，應檢核各層之極限剪
力強度。檢核建築物之範圍
及檢核後之容許基準依規範
規定。

九、 為使建築物具有抵抗垂直向
地震之能力，<u>垂直地震力</u>應
做適當的考慮。

第43-2條 建築物構造須採用動力分析方法
★★☆ 者，應依左列規定：
○check
一、 適用於高度<u>50公尺</u>以上或地
面以上樓層達<u>15層</u>以上之建
築物，其他需採用動力分析
者，由規範規定之。

二、 進行動力分析所需之<u>加速度
反應譜</u>依規範規定。

三、 動力分析應以<u>多振態反應譜
疊加法</u>進行。其振態數目及
各振態最大值之疊加法則依
規範規定。

四、 動力分析應考慮各層所產生之動態扭矩，意外扭矩之設計算應計及其動力效應，其處理方法依規範規定。

五、 結構之模擬、地下部分設計地震力、層間相對側向位移與建築物之間隔、極限層剪力強度之檢核及垂直地震效應，準用前條規定。

第44條 （刪除）

第44-1條 （刪除）

第45條 （刪除）

第45-1條
☆☆☆
○check
附屬於建築物之結構物部分構體及附件、永久性非結構構材與附件及支承於結構體設備之附件，其設計地震力依規範規定。

前項附件包括錨定裝置及所需之支撐。

第46條 （刪除）

第46-1條
☆☆☆
○check
建築物以外自行承擔垂直載重與地震力之非建築結構物，其設計地震力依規範規定。

第47條 (刪除)

第47-1條 結構系統應以<u>整體</u>之耐震性設
☆☆☆　　計，並符合規範規定。
○check

第47-2條 耐震工程品管及既有建築物之耐
☆☆☆　　震能力評估與耐震補強，依規範
○check　　規定。

第48條 (刪除)

第48-1條 建築基地應評估發生地震時，<u>土</u>
★☆☆　　<u>壤產生液化</u>之可能性，對中小度
○check　　地震會發生土壤液化之基地，應
　　　　　進行<u>土質改良</u>等措施，使土壤液
　　　　　化不致產生。對設計地震及最大
　　　　　考量地震下會發生土壤液化之基
　　　　　地，應設置適當基礎，並以折減
　　　　　後之土壤參數檢核建築物液化後
　　　　　之安全性。

第49條 (刪除)

第49-1條 (刪除)

第49-2條 建築物耐震設計得使用<u>隔震消能</u>
☆☆☆　　系統，並依規範規定設計。
○check

第50條　（刪除）

第50-1條　施工中結構體之支撐及臨時結構
☆☆☆　　　物應考慮其耐震性。但設計之地
○check　　震回歸期可較短。
　　　　　施工中建築物遭遇較大地震後，
　　　　　應檢核其構材是否超過彈性限
　　　　　度。

第51條　（刪除）
〜
第54條　（刪除）

第55條　　主管建築機關得依地震測報主管
☆☆☆　　機關或地震研究機構或建築研究
○check　　機構之請，規定建築業主於建築
　　　　　物建造時，應配合留出適當空間，
　　　　　供地震測報主管機關或地震研究
　　　　　機構或建築研究機構設置地震記
　　　　　錄儀，並於建築物使用時保管之，
　　　　　地震後由地震測報主管機關或地
　　　　　震研究機構或建築研究機構收集
　　　　　紀錄存查。
　　　　　興建完成之建築物需要設置地震
　　　　　儀者，得比照前項規定辦理。

第二章 基礎構造

第一節 通則

第56條 (刪除)

第56-1條
☆☆☆
◯check
建築物基礎構造之<u>地基調查</u>、<u>基礎設計</u>及<u>施工</u>，應依本章規定辦理。

第56-2條
☆☆☆
◯check
建築物基礎構造設計規範(以下簡稱基礎構造設計規範)，由中央主管建築機關另定之。

第57條
★☆☆
◯check
建築物基礎應能安全支持建築物；在各種載重作用下，基礎本身及鄰接建築物應不致發生構造損壞或影響其使用功能。

建築物基礎之型式及尺寸，應依基地之地層特性及本編第五十八條之基礎載重設計。基礎傳入地層之最大應力不得超出地層之<u>容許支承力</u>，且所產生之<u>基礎沉陷</u>應符合本編第七十八條之規定。

同一建築物由不同型式之基礎所支承時，應檢討不同基礎型式之相容性。

基礎設計應考慮施工可行性及安全性，並不致因而影響生命及產物之安全。

第二項所稱之最大應力，應依建築物各施工及使用階段可能同時發生之載重組合情形、作用方向、分布及偏心狀況計算之。

第58條
★★☆
○check

建築物基礎設計應考慮靜載重、活載重、上浮力、風力、地震力、振動載重以及施工期間之各種臨時性載重等。

第59條

（刪除）

第60條
★★☆
○check

建築物基礎應視基地特性，依左列情況檢討其穩定性及安全性，並採取防護措施：

一、 基礎周圍邊坡及擋土設施之穩定性。

二、 地震時基礎土壤可能發生液化及流動之影響。

三、 基礎受洪流淘刷、土石流侵襲或其他地質災害之安全性。

四、 填土基地上基礎之穩定性。

施工期間挖填之邊坡應加以防護，防發生滑動。

第61條 （刪除）

第62條
★☆☆
○check
基礎設計及施工應防護鄰近建築物之安全。設計及施工前均應先調查鄰近建築物之現況、基礎、地下構造物或設施之位置及構造型式，為防護設施設計之依據。前項防護設施，應依本章第六節及建築設計施工編第八章第三節擋土設備安全措施規定設計施工。

第二節　地基調查

第63條 （刪除）

第64條
★★★
○check
建築基地應依據建築物之規劃及設計辦理地基調查，並提出調查報告，以取得與建築物基礎設計及施工相關之資料。地基調查方式包括資料蒐集、現地踏勘或地下探勘等方法，其地下探勘方法包含鑽孔、圓錐貫入孔、探查坑及基礎構造設計規範中所規定之方法。

5層以上或供公眾使用建築物之地基調查，應進行地下探勘。

4層以下非供公眾使用建築物之基地，且基礎開挖深度為5公尺以內者，得引用鄰地既有可靠之地下探勘資料設計基礎。無可靠地下探勘資料可資引用之基地仍應依第一項規定進行調查。但建築面積600平方公尺以上者，應進行地下探勘。

基礎施工期間，實際地層狀況與原設計條件不一致或有基礎安全性不足之虞，應依實際情形辦理補充調查作業，並採取適當對策。建築基地有左列情形之一者，應分別增加調查內容：

一、 5層以上建築物或供公眾使用之建築物位於砂土層有土壤液化之虞者，應辦理基地地層之液化潛能分析。

二、 位於坡地之基地，應配合整地計畫，辦理基地之穩定性調查。位於坡腳平地之基地，應視需要調查基地地層之不均勻性。

三、 位於谷地堆積地形之基地，應調查地下水文、山洪或土石流對基地之影響。

四、 位於其他特殊地質構造區之基地，應辦理特殊地層條件影響之調查。

第65條
★★☆
○check

地基調查得依據<u>建築計畫</u>作業階段分期實施。

地基調查計畫之地下探勘調查點之<u>數量</u>、<u>位置</u>及<u>深度</u>，應依據既有資料之可用性、地層之複雜性、建築物之種類、規模及重要性訂定之。其調查點數應依左列規定：

一、 基地面積<u>每600平方公尺</u>或建築物基礎所涵蓋面積<u>每300平方公尺</u>者，應設一調查點。但基地面積超過6000平方公尺及建築物基礎所涵蓋面積超過3000平方公尺之部分，得視基地之地形、地層複雜性及建築物結構設計之需求，決定其調查點數。

二、 同一基地之調查點數不得少於2點，當2處探查結果明顯差異時，應視需要增設調查點。

調查深度至少應達到可據以確認基地之<u>地層狀況</u>，以符合基礎構造設計規範所定有關基礎設計及施工所需要之深度。

同一基地之調查點，至少應有半數且不得少於2處，其調度深度應符合前項規定。

第65-1條
☆☆☆
○check

地下探勘及試驗之方法應依中華民國國家標準規定之方法實施。但中華民國國家標準未規定前，得依符合調查目的之相關規範及方法辦理。

第66條
★☆☆
○check

地基調查報告包括紀實及分析，其內容依設計需要決定之。

地基調查未實施地下探勘而引用既有可靠資料者，其調查報告之內容應與前項規定相同。

第66-1條
★☆☆
○check

建築基地有全部或一部位於地質敏感區內者，除依本編第六十四條至第六十六條規定辦理地基調查外，應依地質法第八條第一項規定辦理基地地質調查及地質安全評估。

前項基地地質調查及地質安全評估應依地質敏感區基地地質調查及地質安全評估作業準則辦理。

本編第六十四條第一項地基調查報告部分內容，得引用第一項之基地地質調查及地質安全評估結果報告資料。

第67條 (刪除)

第68條 (刪除)

第三節 淺基礎

第69條
☆☆☆
〇check
淺基礎以基礎版承載其自身及以上建築物各種載重，支壓於其下之基土，而基土所受之壓力，不得超過其容許支承力。

第70條
★☆☆
〇check
基土之極限支承力與地層性質、基礎面積、深度及形狀等有關者，依基礎構造設計規範之淺基礎承載理論計算之。

第71條
★☆☆
〇check
基地之容許支承力由其極限支承力除以安全係數計算之。
前項安全係數應符合基礎構造設計規範。

第72條 (刪除)

第73條
☆☆☆
〇check
基礎版底深度之設定，應考慮基底土壤之容許支承力、地層受溫度、體積變化或沖刷之影響。

第74條 (刪除)
~
第76條 (刪除)

第77條
★☆☆
○check
基礎地層承受各種載重所引致之沉陷量，應依土壤性質、基礎形式及載重大小，利用試驗方法、彈性壓縮理論、壓密理論、或以其他方法推估之。

第78條
☆☆☆
○check
基礎之容許沉陷量應依基礎構造設計規範，就構造種類、使用條件及環境因素等定之，其基礎沉陷應求其均勻，使建築物及相鄰建築物不致發生有害之沉陷及傾斜。

相鄰建築物不同時興建，後建者應設計防止因開挖或本身沉陷而導致鄰屋之損壞。

第78-1條
★☆☆
○check
獨立基腳、聯合基腳、連續基腳及筏式基礎之分析，應符合基礎構造設計規範。

基礎版之結構設計，應檢核其剪力強度與彎矩強度等，並應符合本編第六章規定。

第79條 (刪除)
~
第85條 (刪除)

第86條
☆☆☆
○check
各類基腳承受水平力作用時，應檢核發生滑動或傾覆之穩定性，其安全係數應符合基礎構造設計規範。

第87條 (刪除)

第88條 (刪除)

第四節　深基礎

第88-1條
★☆☆
○check
深基礎包括樁基礎及沉箱基礎，分別以基樁或沉箱埋設於地層中，以支承上部建築物之各種載重。

第89條
★☆☆
○check
使用基樁承載建築物之各種載重時，不得超過基樁之容許支承力，且基樁之變位量不得導致上部建築物發生破壞或影響其使用功能。
同一建築物之基樁，應選定同一種支承方式進行分析及設計。但因情況特殊，使用不同型式之支承時，應檢討其相容性。

基樁之選擇及設計，應考慮容許支承力及檢討施工之可行性。

基樁施工時，應避免使周圍地層發生破壞及周邊建築物受到不良影響。

斜坡上之基樁應檢討地層滑動之影響。

第90條
★☆☆
○check

基樁之垂直支承力及抗拉拔力，根據基樁種類、載重型式及地層情況，依基礎構造設計規範之分析方法及安全係數計算；其容許支承力不得超過基樁本身之容許強度。

基樁貫穿之地層可能發生相對於基樁之沉陷時，應檢討負摩擦力之影響。

基樁須承受側向作用力時，應就地層情況及基樁強度依基礎構造設計規範推估其容許側向支承力。

第91條
〜
第95條

(刪除)

(刪除)

第96條
☆☆☆
○check

群樁基礎之基樁，應均勻排列；其各樁中心間距，應符合基礎構造設計規範最小間距規定。

群樁基礎之容許支承力，應考慮<u>群樁效應</u>之影響，並檢討其沉陷量以避免對建築物發生不良之影響。

第97條

☆☆☆
○check

基樁支承力應以<u>樁載重</u>或其他方式之試驗確認基樁之支承力及品質符合設計要求。

前項試驗方法及數量，應依基礎構造設計規範辦理。

基樁施工後樁材品質及施工精度未符合設計要求時，應檢核該樁基礎之支承功能及安全性。

第98條 (刪除)

第99條 (刪除)

第100條

★★☆
○check

基樁以<u>整支</u>應用為原則，樁必須接合施工時，其接頭應不得在基礎版面下**3公尺**以內，樁接頭不得發生脫節或彎曲之現象。基樁本身容許強度應按基礎構造設計規範依接頭型式及接樁次數折減之。

第101條 (刪除)
~
第104條 (刪除)

第105條
☆☆☆
○check
如基樁應用地點之土質或水質情形對樁材有害時，應以業經實用有效之方法，予以保護。

第105-1條
☆☆☆
○check
基樁樁體之設計應符合基礎構造設計規範及本編第四章至第六章相關規定。

第106條 (刪除)
～
第120條 (刪除)

第121條
☆☆☆
○check
沉箱基礎係以<u>預築沉埋</u>或場鑄方式施築，其容許支承力應依基礎構造設計規範計算。

第五節　擋土牆

第121-1條
★☆☆
○check
擋土牆於承受各種側向壓力及垂直載重情況下，應分別檢核其抵抗<u>傾覆</u>、<u>水平滑動</u>及<u>邊坡整體滑動</u>現象之穩定性，其最小安全係數須符合基礎構造設計規範。

第121-2條
★☆☆
○check
擋土牆承受之側向土壓力，須考慮牆體形狀、牆體前後地層<u>性質</u>及<u>分佈</u>、地表<u>坡度</u>、地表載重、該區<u>地震係數</u>，依基礎構造設計規範之規定採用適當之<u>側向土壓</u>

力公式計算之。

擋土牆承受之水壓力，應視地下水位、該區地震係數及牆背、牆基之排水與濾層設置狀況等適當考量之。

第121-3條 擋土牆基礎作用於地層之最大壓
☆☆☆ 力不得超過基礎地層之容許支承
○check 力，且基礎之不均勻沉陷量不得影響其擋土功能及鄰近構造物之安全。

第121-4條 擋土牆牆體之設計，應分別檢核
☆☆☆ 牆體在靜態及動態條件下牆體所
○check 受之作用力，並應符合基礎構造設計規範及本編第四章至第六章相關規定。

第六節　基礎開挖

第122條 基礎開挖分為斜坡式開挖及擋土
★★★ 式開挖，其規定如左：
○check 一、斜坡式開挖：基礎開挖採用斜坡式開挖時，應依照基礎構造設計規範檢討邊坡之穩定性。
二、擋土式開挖：基礎開挖採用擋土式開挖時，應依基礎構

造設計規範進行牆體變形分析與支撐設計，並檢討開挖底面土壤發生隆起、砂湧或上舉之可能性及安全性。

第123條
★☆☆
○check
基礎開挖深度在地下水位以下時，應檢討地下水位控制方法，避免引起周圍設施及鄰房之損害。

第124條
☆☆☆
○check
擋土設施應依基礎構造設計規範設計，使具有足夠之強度、勁度及貫入深度以保護開挖面及周圍地層之穩定。

第125條 (刪除)
〜
第127條 (刪除)

第127-1條
☆☆☆
○check
基礎開挖得視需要利用適當之監測系統，量測開挖前後擋土設施、支撐設施、地層及鄰近構造物等之變化，並應適時研判，採取適當對策，以維護開挖工程及鄰近構造物之安全。

第128條 (刪除)

第129條 (刪除)

第130條　建築物之地下構造與周圍地層所
★☆☆　　接觸之地下牆，應能安全承受上
○check　　部建築物所傳遞之<u>載重</u>及周圍地
　　　　　層之<u>側壓力</u>；其結構設計應符合
　　　　　本編相關規定。

第七節　地層改良

第130-1條　基地地層有改良之必要者，應依
☆☆☆　　本規則有關規定辦理。
○check　　地層改良為對原地層進行補強或
　　　　　改善，改良後之基礎設計，應依
　　　　　本規則有關規定辦理。
　　　　　地層改良之設計，應考量基地地
　　　　　層之條件及改良土體之力學機
　　　　　制，並參考類似案例進行設計，
　　　　　必要時應先進行<u>模擬施工</u>，以驗
　　　　　證其可靠性。

第130-2條　施作地層改良時，不得對鄰近構
☆☆☆　　造物或環境造成不良影響，必要
○check　　時應採行適當之<u>保護</u>措施。
　　　　　臨時性之地層改良施工，不得影
　　　　　響原有構造物之長期使用功能。

第(三)章 磚構造

第一節 通則

第131條
★☆☆
○check

磚構造建築物，指以<u>紅磚</u>、<u>砂灰磚</u>、<u>混凝土空心磚</u>為主要結構材料構築之建築物；其設計及施工，依本章規定。但經檢附申請書、結構計算及實驗或調查研究報告，向中央主管建築機關申請認可者，其設計得不適用本章一部或全部之規定。

中央主管建築機關為辦理前項認可，得邀集相關專家學者組成認可小組審查。

建築物磚構造設計及施工規範(以下簡稱規範)由中央主管建築機關另定之。

第131-1條
☆☆☆
○check

磚構造建築物之高度及樓層數限制，應符合規範規定。

第131-2條
★★☆
○check

磚構造建築物各層樓版及屋頂應為<u>剛性樓版</u>，並經由各層牆頂過梁有效傳遞其所聯絡各牆體之兩向水平地震力。各樓層之結構牆頂，應設置有效連續之<u>鋼筋混凝</u>

土過梁，與其上之剛性樓版連結成一體。

過梁應具足夠之強度及剛度，以抵抗面內與面外力。

兩向結構牆之壁量與所圍成之各分割面積，應符合規範規定。

第132條
☆☆☆
○check
建築物之地盤應穩固，基礎應作必要之設計以支承其上結構牆所傳遞之各種載重。

第二節　材料要求

第133條
★☆☆
○check
磚構造所用材料，包括紅磚、砂灰磚、混凝土空心磚、填縫用砂漿材料、混凝土空心磚空心部分填充材料、混凝土及鋼筋等，應符合規範規定。

第134條 (刪除)
〜
第140條 (刪除)

第三節　牆壁設計原則

第141條
★★☆
○check
建築物整體形狀以箱型為原則，各層結構牆均衡配置，且上下層貫通，使靜載重、活載重所產生之應力均勻分布於結構全體。

各層結構牆應於建築平面上均勻配置，並於長向及短向之配置均有適當之<u>壁量</u>以抵抗兩向之地震力。

第142條
☆☆☆
◯check

牆身最小厚度、牆身最大長度及高度，應符合規範規定。

第143條 (刪除)
~
第146條 (刪除)

第147條
★☆☆
◯check

屋頂欄杆牆、陽臺欄杆牆、壓簷牆及屋頂二側之山牆，均不得單獨以磚砌造，並應以<u>鋼筋混凝土梁柱</u>補強設計。

第148條 (刪除)

第149條
☆☆☆
◯check

牆中埋管不得影響結構安全及防火要求。

第150條 (刪除)

第四節　磚造建築物

第151條
★☆☆
○check
磚造建築物各層平面結構牆中心線區劃之各部分分割面積，應符合規範規定。

建築物之外圍及角隅部分，平面上結構牆應配置成**T形**或**L形**。

第152條
☆☆☆
○check
磚造建築物結構牆之牆身長度及厚度，應符合規範規定。

第153條 (刪除)

第154條 (刪除)

第155條
☆☆☆
○check
結構牆開口之設置及周圍補強措施，應符合規範規定。

第156條 (刪除)

第156-1條
★☆☆
○check
各樓層牆頂過梁之寬度、深度及梁內主鋼筋與箍筋之尺寸、數量、配置等，應符合規範規定。兩向過梁應<u>剛接</u>成整體。

第156-2條
★★☆
○check
牆體基礎結構之設計，應符合下列規定：
一、磚造建築物最下層之牆體底

部，應設置可安全支持各牆體並使之互相連結之鋼筋混凝土造連續牆基礎，並於兩向剛接成整體。但建築物為平房且地盤堅實者，得使用結構純混凝土造之連續牆基礎。

二、連續牆基礎之頂部寬度不得小於其臨接之牆身厚度，底面寬度應儘量放寬，使地盤反力小於土壤容許承載力。

第156-3條

★☆☆
〇check

砖造圍牆，為能安全抵抗地震力及風力，應以鋼筋或鐵件補強，下列事項並應符合規範規定：

一、圍牆高度與其對應之最小厚度。

二、圍牆沿長度方向應設置鋼筋混凝土補強柱或突出壁面之扶壁。

砖造圍牆之基礎應為鋼筋混凝土造連續牆基礎，基礎底面距地表面之最小距離，應符合規範規定。

第五節 (刪除)

第157條 (刪除)
〜
第164條 (刪除)

第六節 加強磚造建築物

第165條
★★★
〇check
加強磚造建築物，指磚結構牆上下均有鋼筋混凝土過梁或基礎，左右均有鋼筋混凝土加強柱。過梁及加強柱應於磚牆砌造完成後再澆置混凝土。
前項建築物並應符合第四節規定。

第166條
★☆☆
〇check
二側開口僅上下邊圍束之磚結構牆，其總剖面積不得大於該樓層該方向磚結構牆總剖面積之 1/2。

第167條 (刪除)

第168條 (刪除)

第169條
☆☆☆
〇check
鋼筋混凝土加強柱尺寸、主鋼筋與箍筋尺寸、數量及配置等，應符合規範規定。

第169-1條
☆☆☆
〇check
磚牆沿加強柱高度方向應配置繫材，連貫磚牆與加強柱，其伸入加強柱與磚牆之深度及繫材間距，應符合規範規定。

第170條 (刪除)

第七節　加強混凝土空心磚造建築物

第170-1條
★★☆
○check

加強混凝土空心磚造建築物，指以混凝土空心磚疊砌，並以鋼筋補強之結構牆、鋼筋混凝土造過梁、樓版及基礎所構成之建築物，結構牆應在插入鋼筋與鄰磚之空心部填充混凝土或砂漿。

第170-2條
★☆☆
○check

各層平面結構牆中心線區劃之各部分分割面積，應符合規範規定。其配置應使建築物分割面積成矩形為原則。

建築物之外圍與角隅部分，平面上結構牆應配置成T型或L型。

第170-3條
☆☆☆
○check

加強混凝土空心磚造建築物結構牆之牆身長度及厚度，應符合規範規定。

建築物各樓層之牆厚，不得小於其上方之牆厚。

第170-4條 壁量及其強度規定如下：

★☆☆
〇check
一、 各樓層短向及長向壁量應各自計算，其值不得低於規範規定。

二、 每片結構牆垂直向之壓力不得超過規範規定。

第170-5條 結構牆配筋，應符合下列規定：

★☆☆
〇check
一、 配置於結構牆內之縱筋與橫筋(剪力補強筋)，其標稱直徑及間距依規範規定。

二、 於結構牆之端部、L形或T形牆角隅部、開口部之上緣及下緣處配置之撓曲補強筋，其鋼筋總斷面積應符合規範規定。

第170-6條 結構牆之開口，應符合下列規定：

☆☆☆
〇check
一、 開口部離牆體邊緣之最小距離及開口部間最小淨間距，依規範規定。

二、 開口部上緣應設置鋼筋混凝土楣梁，其設置要求依規範規定。

第170-7條 結構牆內鋼筋之錨定及搭接，應

★★☆
〇check
符合下列規定：
一、 結構牆之縱向筋應錨定於上

下鄰接之過梁、基礎或樓版。

二、 結構牆之橫向筋原則上應錨定於交會在端部之另一向結構牆內。

三、 開口部上下緣之撓曲補強筋應錨定於其左右之結構牆。

四、 鋼筋錨定及搭接之細節，依規範規定。

第170-8條
★☆☆
○check
結構牆內鋼筋保護層厚度依規範規定，外牆面並應採取適當之防水處理。

第170-9條
☆☆☆
○check
過梁之寬度及深度依規範規定。未與鋼筋混凝土屋頂版連接之過梁，其有效寬度應符合規範規定。

第170-10條
★☆☆
○check
建築物最下層之牆體底部，應設置可安全支持各牆體，並使之互相連結之鋼筋混凝土造連續牆基礎，其最小寬度及深度應符合規範規定。

第170-11條
★☆☆
○check
混凝土空心磚圍牆結構之下列事項，應符合規範規定：

一、 圍牆高度及厚度。

二、 連續牆基礎之寬度及埋入深度。

三、圍牆內縱橫兩向補強筋之配
　　置及壓頂磚之細部。

四、圍牆內應設置場鑄鋼筋混凝土
　　造扶壁、扶柱之條件及尺寸。

五、圍牆內縱筋及橫筋之配置、
　　扶壁、扶柱內鋼筋之配置及
　　鋼筋之錨定與搭接長度。

第八節　砌磚工程施工要求

第170-12條 第一百三十三條磚構造所用材料
☆☆☆　　之施工，應符合規範規定。
○check

第170-13條 填縫水泥砂漿、填充水泥砂漿及
☆☆☆　　填充混凝土等之施工，應符合規
○check　　範規定。

第170-14條 紅磚牆體、清水紅磚牆體及混凝
☆☆☆　　土空心磚牆體等之砌築施工，應
○check　　符合規範規定。

第 四 章　木構造

第171條 以木材構造之建築物或以木材為
☆☆☆　　主要構材與其他構材合併構築之
○check　　建築物，依本章規定。

木構造建築物設計及施工技術規範(以下簡稱規範)由中央主管建築機關另定之。

第171-1條
★★★
○check

木構造建築物之簷高不得超過 14 公尺，並不得超過 4 層樓。但供公眾使用而非供居住用途之木構造建築物，結構安全經中央主管建築機關審核認可者，簷高得不受限制。

第172條
★☆☆
○check

木構造建築物之各構材，須能承受其所承載之靜載重及活載重，而不超過容許應力。

木構造建築物應加用斜支撐或隅支撐或合於中華民國國家標準之集成材，以加強樓版、屋面版、牆版，使能承受由於風力或地震力所產生之橫力，而不致傾倒、變形。

第173條
☆☆☆
○check

木構材不得用於承載磚石、混凝土或其他類似建材之靜載重及由其所生之橫力。

第174條 (刪除)

第175條　木構造各構材防腐要求，應符合
★★★　左列規定：
○check
一、木構造之主要構材柱、梁、
　　牆版及木地檻等距地面**1公**
　　尺以內之部分，應以有效之
　　防腐措施，防止蟲、蟻類或
　　菌類之侵害。
二、木構造建築物之外牆版，在
　　容易腐蝕部分，應舖以**防水**
　　紙或其他類似之材料，再以
　　鐵絲網塗敷水泥砂漿或其他
　　相等效能材料處理之。
三、木構造建築物之地基，須先
　　清除花草樹根及表土深**30公**
　　分以上。

第176條　木構造之勒腳牆、梁端空隙、橫
☆☆☆　力支撐、錨栓、柱腳鐵件之構築，
○check　應依規範規定。

第177條　(刪除)
　～
第180條　(刪除)

第181條　木構造各木構材之品質及尺寸，
☆☆☆　應符合左列規定：
○check
一、木構造各木構材之品質，應
　　依總則編第三條及第四條之

規定。

二、 設計構材計算強度之尺寸，
　　　應以刨光後之淨尺寸為準。

第182條 (刪除)

第183條
★★☆
○check

木構造各木構材強度應符合下列
規定：

一、 一般建築物所用木構材之容
　　　許應力、斜向木理容許壓應
　　　力、應力調整、載重時間影
　　　響，應依規範之規定。

二、 供公眾使用建築物其構造之
　　　主構材，應依中華民國國家
　　　標準選樣測定強度並規定其
　　　容許應力，其容許強度不得
　　　大於前款所規定之容許應力。

第184條 (刪除)
　　～
第187條 (刪除)

第188條
☆☆☆
○check

木構造各木構材之梁設計、跨度
長、彎曲強度、橫剪力、缺口、
偏心連接、垂直木理壓應力、橫
支撐、單木柱、大小頭柱之斷面、
合應力、雙木組合柱、合木柱、
主構木柱、木桁條、撓度應依規
範及左列規定：

一、 依規範規定之設計應力計算
　　 而得之各木構材斷面應力
　　 值，須小於規範所規定之<u>容</u>
　　 <u>許應力值</u>。

二、 依規範規定結構物各木構材
　　 及結合部，須檢討其<u>變形</u>，
　　 不得影響建築物之安全及妨
　　 礙使用。

三、 結構物各部分須考慮結構計
　　 算時之假設、施工之不當、
　　 材料之不良、腐朽、磨損等
　　 因素，必要時木構材須加<u>補</u>
　　 <u>強</u>。

第189條 (刪除)
～
第196條 (刪除)

第197條 木柱之構造應符合左列規定：

★☆☆
○check

一、 平房或樓房之主構木材用上
　　 下貫通之<u>整根木柱</u>。但接合
　　 處之強度大於或等於整根木
　　 柱強度相同者，不在此限。

二、 主構木柱之<u>長細比</u>應依規範
　　 之規定。

三、 合木柱應依雙木組合柱或集
　　 成材木柱之規定設計，不得
　　 以單木柱設計。

第198條 (刪除)
~
第202條 (刪除)

第203條 木屋架之設計應符合左列規定：

★☆☆
○check

一、 跨度**5公尺**以上之木屋架須為<u>桁架</u>，使其各構材分別承受軸心拉力或壓力。

二、 各構材之縱軸必須相交於<u>節點</u>，承載重量應作用在節點上。

三、 壓力構材斷面須依其個別軸向支撐間之<u>長細比</u>設計。

第204條 木梁、桁條及其他受撓構材，於

☆☆☆
○check

跨度之中央下側處有損及強度之缺口時，應扣除**2倍**缺口深度後之淨斷面計算其彎曲強度。

第205條 (刪除)

第206條 木構造各構材之接合應經防銹處

★☆☆
○check

理，並符合左列規定：

一、 木構材之接合，得以<u>接合圈</u>及<u>螺栓</u>、<u>接合板</u>及<u>螺栓</u>、螺絲釘或釘為之。

二、 木構材拼接時，應選擇應力較小及疵傷最少之部位，二

側並以<u>拼接板</u>固定，並用以
傳遞應力。

三、木柱與剛性較大之鋼骨受撓
構材接合時，接合處之<u>木柱</u>
應予<u>補強</u>。

第207條 木構造之接合圈、接合圈之應用、
☆☆☆ 接合圈載重量、連接設計、接頭
○check 強度、螺栓、螺栓長徑比、平行
連接、垂直連接、螺栓排列、支
承應力、螺絲釘、釘、拼接位置，
應依規範規定。

第208條 (刪除)
〜
第220條 (刪除)

第221條 木構造各木構材採用<u>集成材</u>之設
☆☆☆ 計時，應符合下列規定：
○check 一、集成材之容許應力、弧構材、
曲度因素、徑向應力、長細
因數、梁深因數、合因數、
割鋸限制、形因數、集成材
木柱、集成材木版、集成材
膜版應符合規範規定。

二、集成材、合板用料、配料、
接頭等均應符合中華民國國
家標準，且經政府認可之檢

　　　　　　驗機關檢驗合格,並有證明
　　　　　　文件者,始得應用。

第222條 (刪除)
~
第234條 (刪除)

第 五 章 鋼構造

第一節　設計原則

第235條　本章為應用<u>鋼材建造建築結構</u>之
☆☆☆　　技術規則,作為設計及施工之依
○check　　據。但冷軋型鋼結構、鋼骨鋼筋
　　　　　混凝土結構及其它特殊結構,不
　　　　　在此限。

第235-1條　鋼構造建築物鋼結構設計技術規
☆☆☆　　範(以下簡稱設計規範)及鋼構造
○check　　建築物鋼結構施工規範(以下簡稱
　　　　　施工規範)由中央主管建築機關另
　　　　　定之。

第235-2條　鋼結構之設計應依左列規定:
★★☆　　一、各類結構物之設計強度應依
○check　　　　其結構型式,在不同載重組
　　　　　　　合下,利用<u>彈性分析</u>或<u>非彈</u>
　　　　　　　<u>性分析</u>決定。

二、 整體結構及每一構材、接合
部均應檢核其使用性。

三、 使用容許應力設計法進行設
計時，其容許應力應依左列
規定：

(一) 結構物之桿件、接頭及
接合器，其由工作載重
所引致之應力均不得超
過設計規範規定之容許
應力。

(二) 風力或地震力與垂直載
重聯合作用時，可使用
載重組合折減係數計算
應力。但不得超過容許
應力。

四、 使用極限設計法進行設計
時，應依左列規定：

(一) 設計應檢核強度及使用
性極限狀態。

(二) 構材及接頭之設計強度
應大於或等於由因數化
載重組合計得之需要強
度。設計強度 ϕRn 係
由標稱強度 Rn 乘強度
折減因子 ϕ。強度折減
因子及載重因數應依設

計規範規定。

前項第三款第一目規定容許應力之計算不包括滿足接頭區之<u>局部高應力</u>。

第一項第四款第一目規定強度極限係指結構之最大承載能力，其與結構之安全性密切相關；使用性極限係指正常使用下其使用功能之極限狀態。

第236條
★★★
○check

鋼結構之基本接合型式分為左列2類：

一、<u>完全束制接合</u>型式：係假設梁及柱之接合為<u>完全剛性</u>，構材間之交角在載重前後能維持不變。

二、<u>部分束制接合</u>型式：係假設梁及柱間，或小梁及大梁之端部接合無法達完全剛性，在載重前後構材間之交角會改變。

設計接合或分析整體結構之穩定性時，如需考慮接合處之束制狀況時，其接頭之轉動特性應以<u>分析方法</u>或實驗決定之。部分束制接合結構應考慮接合處可容許<u>非彈性</u>且能<u>自行限制</u>之局部變形。

第237條 (刪除)

第238條 鋼結構製圖應依左列規定：
☆☆☆
○check
一、 設計圖應依結構計算書之計算結果繪製，並應依設計及施工規範規定。
二、 鋼結構施工前應依據設計圖說，事先繪製施工圖，施工圖應註明構材於製造、組合及安裝時所需之完整資料，並應依設計及施工規範規定。
三、 鋼結構之製圖比例、圖線規定、構材符號、鋼材符號及銲接符號等應依設計及施工規範規定。

第239條 鋼結構施工，由購料、加工、接合至安裝完成，均應詳細查驗證明其品質及安全。
☆☆☆
○check

第240條 鋼結構之耐震設計，應依本編第一章第五節耐震設計規定，並應採用具有韌性之結構材料、結構系統及細部。其構材及接合之設計，應依設計規範規定。
☆☆☆
○check

第二節　設計強度及應力

第241條
☆☆☆
〇check

鋼結構使用之材料包括結構用鋼板、棒鋼、型鋼、結構用鋼管、鑄鋼件、螺栓、墊片、螺帽、剪力釘及銲接材料等，均應符合<u>中華民國國家標準</u>。

無中華民國國家標準適用之材料者，應依中華民國國家標準鋼料檢驗通則CNS 2608.G52及相關之國家檢驗測試標準，或中央主管建築機關認可之國際通行檢驗規則檢驗，確認符合其原標示之標準，且證明達到設計規範之設計標準者。

鋼結構使用鋼材，由國外進口者，應具備原製造廠家之品質證明書，並經公立檢驗機關，依中華民國國家標準，或國際通行檢驗規則，檢驗合格，證明符合設計規範之設計標準。

第242條
★☆☆
〇check

鋼結構使用之鋼材，得依設計需要，採用合適之材料，且必須確實把握產品來源。不同類鋼材如未特別規定，得依強度及接合需要相互配合應用，以<u>銲接</u>為主接合之鋼結構，應選用<u>可銲性</u>且<u>延</u>

展性良好之銲接結構用鋼材。

第243條
★☆☆
○check

鋼結構構材之長細比為其有效長 **(Kλ)** 與其迴轉半徑 **(r)** 之比 **(Kλ/r)**，並應檢核其對強度、使用性及施工性之影響。

第244條
★★★
○check

鋼結構構材斷面分左列4類：

一、塑性設計斷面：指除彎矩強度可達塑性彎矩外，其肢材在受壓下可達應變硬化而不產生局部挫屈者。

二、結實斷面：指彎曲強度可達塑性彎矩，其變形能力約為塑性設計斷面之 **1/2** 者。

三、半結實斷面：指肢材可承壓至降伏應力而不產生局部挫屈，且無提供有效之韌性者。

四、細長肢材斷面：指為肢材在受壓時將產生彈性挫屈者。

第244-1條
★☆☆
○check

鋼結構構架穩定應依左列規定：

一、含斜撐系統構架：構架以斜撐構材、剪力牆或其他等效方法提供足夠之側向勁度者，其受壓構材之有效長度係數 k 應採用 **1.0**。如採用小於 1.0 之k係數，其值需以分析方法求得。多樓層含斜撐系統構架中之豎向斜撐系統，應以結構分析方法印證其具有足夠之勁度及強度，以維持構架在載重作用下之側向穩定，防止構架挫屈或傾倒，且分析時應考量水平位移之效應。

二、無斜撐系統構架：構架依靠剛接之梁柱系統保持側向穩定者，其受壓構材之有效長度係數 k 應以分析方法決定之，且其值不得小於 1.0。無斜撐系統構架承受載重之分析應考量構架穩定及柱軸向變形之效應。

第244-2條 設計鋼結構構材之斷面或其接合，應使其應力不超過容許應力，或使其設計強度大於或等於需要強度。

☆☆☆
〇check

第245條 (刪除)
~
第257條 (刪除)

第258條 載重變動頻繁應力反復之構材，應按反復應力規定設計之。

☆☆☆
〇check

第三節　構材之設計

第258-1條 設計拉力構材時應考量全斷面之
★☆☆　　降伏、淨斷面之斷裂及其振動、
○check　　變形之影響。計算淨斷面上之強
　　　　度時應考量剪力遲滯效應。

第258-2條 設計壓力構材時應考量局部挫
★☆☆　　屈、整體挫屈、降伏等之安全性。
○check

第259條　梁或版梁承受載重，應使其外緣
☆☆☆　　彎曲應力不超過容許彎曲應力，
○check　　其端剪力不超過容許剪應力。

第260條　(刪除)
　～
第267條　(刪除)

第268條　梁或板梁之設計，應依撓度限制
☆☆☆　　規定。
○check

第268-1條 設計受扭矩及組合力共同作用之
★☆☆　　構材時，應考量軸力與彎矩共同
○check　　作用時引致之2次效應，並檢核在
　　　　各種組合載重作用下之安全性。

第269條 採用合成構材時應視需要設計剪力連接物，對於容許應力之計算，應將混凝土之受壓面積轉化為相當的鋼材面積。對於撓曲強度之計算應採塑性應力分析。合成梁之設計剪力強度應由<u>鋼梁腹板</u>之剪力強度計算。並檢核施工過程中混凝土凝固前鋼梁單獨承受載重之能力。

☆☆☆
○check

第270條 (刪除)
~
第273條 (刪除)

第四節 (刪除)

第274條 (刪除)
~
第286條 (刪除)

第五節　接合設計

第287條 接合之受力模式宜簡單明確，傳力方式宜<u>緩和漸變</u>，以避免產生<u>應力集中</u>之現象。接合型式之選用以製作簡單、維護容易為原則，接合處之設計，應能充分傳遞被接合構材計得之應力，如接合應力未經詳細計算，得依被接合構

☆☆☆
○check

材之強度設計之。接合設計在必要時，應依接合所在位置對整體結構安全影響程度酌予提高其設計之安全係數。

第287-1條
★★☆
○check
使用高強度螺栓於接合設計時，得視需要採用<u>承壓型接合</u>設計或<u>摩阻型接合</u>設計。

第287-2條
☆☆☆
○check
採用鉚接接合時，應採用鉚接性良好之鋼材，配以合適之鉚材。鉚接施工應依施工規範之規定進行鉚接施工及檢驗。

第287-3條
★☆☆
○check
承受衝擊或振動之接合部，應使用<u>鉚接</u>或<u>摩阻型高強度螺栓</u>設計。因特殊需要而不容許螺栓滑動，或因承受反復荷重之接合部，亦應使用鉚接或摩阻型高強度螺栓設計。

第288條 (刪除)
〜
第295條 (刪除)

第296條
★★☆
○check
承壓型接合之高強度螺栓，不得與鉚接共同分擔載重，而應由<u>鉚接</u>承擔全部載重。

以摩阻型接合設計之高強度螺栓與銲接共同分擔載重時，應先鎖緊高強度螺栓後再銲接。

原有結構如以銲接修改時，現存之摩阻型接合高強度螺栓可用以承受原有靜載重，而銲接僅分擔額外要求之設計強度。

第296-1條
☆☆☆
○check

錨栓之設計需能抵抗在各種載重組合下，柱端所承受之拉力、剪力與彎矩，及因橫力產生之彎矩所引致之淨拉力分量。

混凝土支承結構的設計需安全支承載重，故埋入深度需有一適當之安全因子，以確保埋置強度不會因局部或全部支承混凝土結構之破壞而折減。

第297條 (刪除)
〜
第321條 (刪除)

第六節 (刪除)

第322條 (刪除)
〜
第331條 (刪除)

第(六)章 混凝土構造

第一節　通則

第332條
★★☆
○check

建築物以結構混凝土建造之技術規則，依本章規定。

各種特殊結構以結構混凝土建造者如<u>弧拱</u>、<u>薄殼</u>、<u>摺版</u>、<u>水塔</u>、<u>水池</u>、<u>煙囪</u>、<u>散裝倉</u>、<u>樁</u>及<u>耐爆構造</u>等之設計及施工，原則依本章規定辦理。

本章所稱結構混凝土，指具有結構功能之<u>鋼筋混凝土</u>及<u>純混凝土</u>。鋼筋混凝土含預力混凝土；純混凝土為結構混凝土中鋼筋量少於鋼筋混凝土之規定最低值者，或無鋼筋者。

結構混凝土設計規範(以下簡稱設計規範)及結構混凝土施工規範(以下簡稱施工規範)由中央主管建築機關定之。

第332-1條
☆☆☆
○check

結構混凝土構材與其他材料構材組合之構體，除應依本編各種材料構材相關章節之規定設計外，並應考慮結構系統之妥適性、構材間之接合行為、力的傳遞、構材之剛性及韌性、材料的特性等。

第333條
☆☆☆
○check
結構混凝土之設計,應能在使用環境下承受各種規定載重,並滿足安全及適用性之需求。

第334條
★☆☆
○check
結構混凝土之設計圖說應依左列規定:

一、包括設計圖、說明書及計算書。主管機關得要求設計者提供設計資料及附圖;應用電子計算機程式作分析及設計時,並應提供設計假設、說明使用程式、輸入資料及計算結果。

二、應依本編第一章第一節規定。

三、設計圖應在適當位置明示左列規定,其內容於設計規範定之。

(一)設計規範之名稱版本及其相關規定適用之優先順序。

(二)設計所用之活載重及其他特殊載重。

(三)混凝土及鋼材料之強度要求、規格及限制。

(四) 其他必要之說明。

第334-1條 結構混凝土之施工應依設計圖說
☆☆☆　之要求製作<u>施工圖說</u>，作為施工
○check　之依據。
　　　　施工圖說應載明事項於施工規範
　　　　定之。

第335條 結構混凝土施工時，應依工作進
☆☆☆　度執行<u>品質管制</u>、<u>檢驗</u>及<u>查驗</u>，
○check　並予記錄，其內容於施工規範定
　　　　之。
　　　　前項紀錄之格式、簽認、查核、
　　　　保存方式及年限，由直轄市、縣
　　　　(市)(局)主管建築機關定之。

第336條 結構物或其構材之使用安全，如
☆☆☆　有疑慮時，主管建築機關得令其
○check　依設計規範規定之方法對其強度
　　　　予以評估。

第337條 (刪除)

第二節　品質要求

第337-1條 結構混凝土材料及施工品質應符
☆☆☆　合設計規範及施工規範規定。
○check

第337-2條
☆☆☆
◯check

結構混凝土材料包括<u>混凝土</u>材料及結合混凝土使用之<u>鋼材</u>或其他加勁材料。

混凝土材料包括<u>水泥</u>、<u>骨材</u>、拌和用<u>水</u>、<u>摻料</u>等。鋼材料包括<u>鋼筋</u>、<u>鋼鍵</u>、<u>鋼骨</u>等。

結構混凝土材料品質檢驗及查驗應依施工規範規定辦理。

第337-3條
☆☆☆
◯check

結構混凝土施工品質之抽樣、檢驗、查驗、評定及認可應依施工規範規定辦理。

第338條
~
第344條

(刪除)

(刪除)

第345條
☆☆☆
◯check

結構混凝土材料之儲存應能防止變質及摻入他物；變質或污損等以致無法達到施工規範要求者不得使用。

第346條
★☆☆
◯check

結構混凝土之規定<u>抗壓強度</u>及<u>試驗齡期</u>應於設計時指定之。抗壓強度試體之取樣、製作及試驗於施工規範定之。

鋼材料之種類、規格及規定強度應於設計時指定，其細節及試驗

　　　　　　　方式於施工規範定之。

第347條 混凝土材料配比應使混凝土之<u>工</u>
★☆☆ 　　　<u>作性</u>、<u>耐久性</u>及<u>強度</u>等性能達到
○check 　　設計要求及規範規定。

第348條 (刪除)
～
第350條 (刪除)

第351條 結構混凝土之施工，包括模板與
☆☆☆ 　　　其支撐、鋼筋排置、埋設物及接
○check 　　縫等之澆置前準備，與產製、輸
　　　送、澆置、養護及拆模等規定於
　　　施工規範定之。

第352條 (刪除)
～
第361條 (刪除)

第361-1條 鋼材料之施工，包括表面處理、
☆☆☆ 　　　續接、加工、排置、保護層之維
○check 　　持及預力之施加等，應符合設計
　　　要求，其內容於施工規範定之。

第362條 (刪除)
～
第374條 (刪除)

第三節　設計要求

第374-1條
★☆☆
○check

結構混凝土之設計，得採<u>強度設計法</u>、<u>工作應力設計法</u>或其他經中央主管建築機關認可之設計法。

第375條
☆☆☆
○check

結構混凝土構件應承受依本編第一章規定之各種載重、地震力及風力，尚應考慮使用環境之其他規定作用力。

設計載重為前項各種載重及各力之組合，應符合所採用設計方法及設計規範規定。

第375-1條
☆☆☆
○check

結構混凝土構件應依設計規範規定設計，使構材之設計強度足以承受設計載重。

第375-2條
☆☆☆
○check

結構混凝土分析時，應考慮其使用需求、採用之<u>結構系統</u>、整體之<u>穩定性</u>、<u>非結構構材</u>之影響、<u>施工方法</u>及順序等。

結構分析所用之分析方法及假設於設計規範定之。

構體或構件之模型試驗結果可供結構分析參考。

第375-3條

★☆☆
○check

結構混凝土設計時,應考慮結構系統中梁、柱、版、牆及基礎等構件及其接頭所承受之撓曲力、軸力、剪力、扭力等及其間力之傳遞,並考慮彎矩調整、撓度控制與裂紋控制,與構件之相互關係及施工可行性,其設計於設計規範定之。

第375-4條

★★★
○check

結構混凝土構件設計,應使其充分發揮設定之功能,並考慮左列規定:

一、構件之特性:構件之有效深度、寬度、橫支撐間距、T型梁、柵版、深梁效應等。

二、鋼筋之配置:主筋與橫向鋼筋之配置、間距、彎折、彎鉤、保護層、鋼筋量限制及有關鋼筋之伸展、錨定及續接等。

三、材料特性與環境因素之影響:潛變、乾縮、溫度鋼筋、伸縮縫及收縮縫等。

四、構件之完整性:梁、柱、版、牆、基礎等構件之開孔、管線、預留孔及埋設物等位置、尺寸與補強方法。

五、構件之連結：構件接頭之鋼筋排置及預鑄構件之連接。

六、施工之特別要求：混凝土澆置次序，預力大小、施力位置與程序，及預鑄構件吊裝等。

前項各款設計內容於設計規範定之。

第376條 (刪除)
~
第406條 (刪除)

第四節　耐震設計之特別規定

第407條

★☆☆
○check

結構混凝土建築物之耐震設計，應符合本編第一章第五節之規定。

就地澆置之結構混凝土，為抵抗地震力採韌性設計者，其構材應符合本節規定在以回歸期475年之大地震地表加速度作用下，以彈性反應結構分析所得之構材設計內力未超過其設計強度者，得不受第四百零八條至第四百十二條規定之限制。

未依前二項規定設計抵抗地震力之結構混凝土，經實驗與分析證明其具有適當之強度及韌性，使耐震能力等於或超過本節規定者，仍可使用。

第408條
★☆☆
○check

抵抗地震力之就地澆置結構混凝土採韌性設計者，應使其構材在大地震時能產生所需<u>塑性變形</u>，並應符合左列規定：

一、 應考慮在地震時，所有結構與非結構構材間之<u>相互作用</u>對結構之<u>線性</u>或<u>非線性</u>反應之影響。

二、 應考慮韌性設計之<u>撓曲構材</u>、<u>受撓柱</u>、<u>梁柱接頭</u>、<u>結構牆</u>、<u>橫膈版</u>及<u>桁架</u>應符合第四百零九條至第四百十二條之規定。

三、 混凝土規定抗壓強度之限制、鋼筋材質與續接及其他設計細節於設計規範定之。

非抵抗水平地震力之構材，應符合第四百十二條之一規定。

第409條
☆☆☆
○check

受撓曲與較小軸力構材之設計應避免在大地震時產生<u>非韌性破壞</u>；其適用之限制條件、縱向主筋與橫向鋼筋之用量限制、配置與續

接、剪力強度要求等設計細節，
於設計規範定之。

第410條
★☆☆
◯check

受撓柱之設計應使其在大地震時
不致產生非韌性破壞；其適用之
限制條件、強柱弱梁要求、縱向
主筋與橫向箍筋之用量限制、配
置與續接、剪力強度要求等設計
細節於設計規範定之。

第411條
★☆☆
◯check

梁柱接頭之設計應可使梁端順利
產生塑鉸，接頭不致產生剪力破
壞；接頭內梁主筋之伸展與錨定、
橫向鋼筋之配置、剪力設計強度
等設計細節於設計規範定之。

第412條
★☆☆
◯check

結構牆、橫膈版及桁架設計為抵
抗地震力結構系統之一部分者，
其剪力設計強度、鋼筋之配置、
邊界構材等設計細節於設計規範
定之。

第412-1條
☆☆☆
◯check

抵抗地震力結構系統內設定為非
抵抗水平地震力之構材，其設計
應考慮整體結構系統側向位移之
影響，設計細節於設計規範定之。

第五節　強度設計法

第413條
☆☆☆
○check
強度設計法之基本要求為使結構混凝土之構材依第四百十四條規定之設計強度足以承受加諸於該構材依第四百十三條之一規定之設計載重。

第413-1條
☆☆☆
○check
結構混凝土構件之設計載重應考慮載重因數及載重組合。載重應依第三百七十五條第一項規定。載重因數及載重組合於設計規範定之。

第414條
☆☆☆
○check
結構混凝土構件之設計強度應考慮強度折減，強度折減於設計規範定之。

第415條　(刪除)

第416條
☆☆☆
○check
構材依強度設計法設計時，應考慮力之平衡與應變之一致性，其他相關設計假設於設計規範定之。

第417條
★☆☆
○check
構材之撓曲及軸力依強度設計法設計時，應考慮縱向鋼筋與橫向鋼筋之種類及用量要求及配置、受撓構材之橫向支撐、受壓構材

之長細效應與設計尺寸，深梁、
合成受壓構材、支承版系之受軸
力構材及承壓強度等，設計細節
於設計規範定之。

第418條 (刪除)
～
第427條 (刪除)

第427-1條 構材之剪力依強度設計法設計
☆☆☆　　時，應考慮混凝土最小斷面，剪
○check　　力鋼筋之種類、強度、用量要求
　　　　　與配置等，其設計細節於設計規
　　　　　範定之。

第428條 (刪除)
～
第432條 (刪除)

第432-1條 構材之扭力設計依強度設計法設
☆☆☆　　計時，應考慮混凝土最小斷面，
○check　　扭力鋼筋之種類、強度、用量要
　　　　　求與配置等，其設計細節於設計
　　　　　規範定之。

第433條 (刪除)
～
第439條 (刪除)

第六節　工作應力設計法

第439-1條　工作應力設計法之基本要求為使
☆☆☆　　　結構混凝土構材在依第四百四十
○check　　　條之一規定之設計載重下，其工
　　　　　　作應力<u>不超過材料之容許應力</u>。
　　　　　　工作應力設計法<u>不適用於預力混
　　　　　　凝土</u>構造。

第440條　(刪除)

第440-1條　工作應力設計法之設計載重除依
★☆☆　　　第四百十三條之一之規定外，其
○check　　　<u>載重因數</u>及<u>載重組合</u>應視工作應
　　　　　　力設計法之特性設計，設計細節
　　　　　　於設計規範定之。

第440-2條　結構混凝土構材於設計載重下，
☆☆☆　　　其工作應力之計算於設計規範定
○check　　　之。

第441條　結構混凝土構材之材料容許應力
☆☆☆　　　於設計規範定之。
○check

第441-1條　構材之撓曲依工作應力設計法設
☆☆☆　　　計時，應符合力之平衡與應變之
○check　　　一致性。

其撓曲應力與應變關係應依<u>線性</u><u>假設</u>，設計細節於設計規範定之。

第441-2條 結構混凝土構材之軸力、剪力與
☆☆☆ 扭力，或其與撓曲併合之力之容
○check 許值於設計規範定之。

第442條 (刪除)
~
第445條 (刪除)

第七節　構件與特殊構材

第445-1條 梁、柱、版、牆及基礎等構件之
☆☆☆ 設計應依本章之規定。
○check 版、牆及基礎等構件並得依合理
之假設予以簡化，其簡化方式及
設計細節於設計規範定之。

第446條 (刪除)
~
第471條 (刪除)

第471-1條 純混凝土構材、預鑄混凝土構材、
☆☆☆ 合成混凝土構材及預力混凝土構
○check 材等特殊構材之設計除應符合本
章有關規定外，並應考慮<u>構材</u>、
<u>接合</u>及<u>施工</u>之特性，其設計細節
及適用範圍於設計規範定之。

第472條 (刪除)
〜
第475條 (刪除)

第475-1條 壁式預鑄鋼筋混凝土造之建築
★★☆ 物，其建築高度，不得超過5層
○check 樓，簷高不得超過15公尺。

第476條 (刪除)
〜
第495條 (刪除)

(第)(七)(章) 鋼骨鋼筋混凝土構造

第一節 設計原則

第496條 應用鋼骨鋼筋混凝土建造之建築
☆☆☆ 結構，其設計及施工應依本章規
○check 定。

第497條 鋼骨鋼筋混凝土構造設計規範(以
☆☆☆ 下簡稱設計規範)及鋼骨鋼筋混凝
○check 土構造施工規範(以下簡稱施工規
範)，由中央主管建築機關定之。

第498條 鋼骨鋼筋混凝土構造之結構分析
☆☆☆ 應採用公認合理之方法；各構材
○check 及接合之設計強度應大於或等於

由因數化載重組合所得之設計載重效應。

第499條
☆☆☆
〇check

鋼骨鋼筋混凝土構造設計採用之靜載重、活載重、風力及地震力，應依本編第一章規定。

第500條
☆☆☆
〇check

鋼骨鋼筋混凝土構造設計，應審慎規劃適當之結構系統，並考慮結構立面及平面配置之抗震能力。

第501條
★☆☆
〇check

鋼骨鋼筋混凝土構造設計，除考慮強度、勁度及韌性之需求外，應檢討施工之可行性；決定鋼骨鋼筋混凝土構造中鋼骨與鋼筋之關係位置時，應檢核鋼筋配置及混凝土施工之可行性。

第502條
★★★
〇check

鋼骨鋼筋混凝土構造設計，應考慮左列極限狀態要求：

一、 強度極限狀態：包含降伏、挫屈、傾倒、疲勞或斷裂等極限狀態。

二、 使用性極限狀態：包含撓度、側向位移、振動或其他影響正常使用功能之極限狀態。

第503條
★☆☆
○check

鋼骨鋼筋混凝土構造設計圖，應依結構計算書之結果繪製，並應包含左列事項：

一、 結構設計採用之設計規範名稱及版本。

二、 建築物全部構造設計之平面圖、立面圖及必要之詳圖，並應註明使用尺寸之單位。

三、 構材尺寸、鋼骨及鋼筋之配置詳圖，包含鋼骨斷面尺寸、主筋與箍筋之尺寸、數目、間距、錨定及彎鉤。

四、 接合部之詳圖，包含梁柱接頭、構材續接處、基腳及斷面轉換處。

五、 鋼骨、鋼筋、混凝土、銲材與螺栓之規格及強度。

第二節　材料

第504條
☆☆☆
○check

鋼骨鋼筋混凝土構造使用之材料，包含鋼板、型鋼、鋼筋、水泥、螺栓、銲材及剪力釘等均應符合中華民國國家標準；無中華民國國家標準適用之材料者，應依相關之國家檢驗測試標準或中央主管建築機關認可之國際通行檢驗規則檢驗，確認符合其原標示之標準，且證明符合設計規範規定。

第505條
☆☆☆
○check

鋼骨鋼筋混凝土構造使用之材料由國外進口者，應具備原製造廠家之品質證明書，並經檢驗機關依中華民國國家標準或中央主管建築機關認可之國際通行檢驗規則檢驗合格，且證明符合設計規範規定。

第三節　構材設計

第506條
☆☆☆
○check

鋼骨鋼筋混凝土構造之撓曲構材，得採用包覆型鋼骨鋼筋混凝土梁或鋼梁；採用包覆型鋼骨鋼筋混凝土梁時，其設計應依本章規定；採用鋼梁時，其設計應依本編第五章鋼構造規定。

第507條
★★☆
○check

鋼骨鋼筋混凝土柱依其斷面型式分為左列2類：
一、包覆型鋼骨鋼筋混凝土柱：指鋼筋混凝土包覆鋼骨之柱。
二、鋼管混凝土柱：指鋼管內部填充混凝土之柱。

第508條
☆☆☆
○check

鋼骨鋼筋混凝土構造之柱採用包覆型鋼骨鋼筋混凝土設計時,其相接之梁,得採用包覆型鋼骨鋼筋混凝土梁或鋼梁;採用鋼管混凝土柱時,其相接之梁,應採用<u>鋼梁設計</u>。

第509條
★☆☆
○check

矩形斷面鋼骨鋼筋混凝土構材之主筋,以配置在斷面<u>四個角落</u>為原則;在梁柱接頭處,主筋應以<u>直接通過梁柱接頭</u>為原則,並不得貫穿鋼骨之<u>翼板</u>。

第510條
★☆☆
○check

包覆型鋼骨鋼筋混凝土構材中之鋼骨及鋼筋均應有適當之<u>混凝土保護層</u>,且構材之主筋與鋼骨之間應保持適當之間距,以利混凝土之澆置及發揮鋼筋之<u>握裹力</u>。

第511條
☆☆☆
○check

鋼骨鋼筋混凝土構材應注意<u>開孔</u>對構材強度之影響,並應視需要予以適當之補強。

第四節　接合設計

第512條
☆☆☆
○check

鋼骨鋼筋混凝土構材接合設計,應依設計規範規定;接合處應具有足夠之強度,以傳遞其承受之應力。

第513條
☆☆☆
○check

鋼骨鋼筋混凝土梁柱接頭處之鋼梁，應直接與鋼骨鋼筋混凝土柱中之<u>鋼骨接合</u>，並使接合處之應力能夠有效平順傳遞。

第514條
☆☆☆
○check

包覆型鋼骨鋼筋混凝土梁柱接頭處，應配置適當之<u>箍筋</u>；箍筋需穿過鋼梁腹板時，腹板之箍筋孔應於設計圖上標明，且穿孔之<u>大小</u>及<u>間距</u>，應不損害鋼梁抵抗<u>剪力</u>之功能。

第515條
★☆☆
○check

鋼骨鋼筋混凝土梁柱接頭處之鋼柱，應配置適當之<u>連續板</u>以傳遞水平力；為使接頭處之混凝土能夠填充密實，應於連續板上設置<u>灌漿孔</u>或<u>通氣孔</u>，開孔尺寸應於設計圖上標明，且其大小應不損害連續板傳遞<u>水平力</u>之功能。

第516條
★☆☆
○check

鋼骨鋼筋混凝土構材之續接處應具有足夠之強度，且能平順傳遞其承受之應力，續接之位置宜避開<u>應力較大</u>之處。

第517條
★☆☆
○check

鋼骨鋼筋混凝土構材接合處之鋼骨、鋼筋、螺栓及接合板之配置，應考慮施工之可行性，且不妨礙混凝土之澆置及填充密實。

第五節　施工

第518條
☆☆☆
◯check
鋼骨鋼筋混凝土構造之施工，應依施工規範規定，施工過程中任何階段之結構強度及穩定性，應於施工前審慎評估，以確保施工過程中安全無虞。

第519條
☆☆☆
◯check
鋼骨鋼筋混凝土構造之施工，需在鋼骨斷面上穿孔時，其穿孔及補強，應事先於工廠內施作完成。

第520條
★☆☆
◯check
鋼骨鋼筋混凝土工程之混凝土澆置，應注意其填充性，並應避免混凝土骨材析離。

第八章　冷軋型鋼構造

第一節　設計原則

第521條
★★☆
◯check
應用冷軋型鋼構材建造之建築結構，其設計及施工應依本章規定。
前項所稱冷軋型鋼構材，係由碳鋼、低合金鋼板或鋼片冷軋成型；其鋼材厚度不得超過25.4公釐。
冷軋型鋼構造建築物之簷高不得

超過14公尺，並不得超過四層樓。

第522條

☆☆☆
○check

冷軋型鋼構造結構設計規範(以下簡稱設計規範)及冷軋型鋼構造施工規範(以下簡稱施工規範)，由中央主管建築機關定之。

第523條

☆☆☆
○check

冷軋型鋼結構之設計，應符合左列規定：

一、各類結構物之設計強度，應依其結構型式，在不同載重組合下，利用彈性分析或非彈性分析決定。

二、整體結構及每一構材、接合部，均應檢核其使用性。

三、使用容許應力設計法進行設計時，其容許應力應符合左列規定：

(一) 結構物之構材、接頭及連結物，由工作載重所引致之應力，均不得超過設計規範規定之容許應力。

(二) 風力或地震力與垂直載重聯合作用時，可使用載重組合折減係數計算

應力，並不得超過設計
規範規定之容許應力。
四、使用極限設計法進行設計
時，應符合左列規定：
（一）設計應檢核強度及使用
性極限狀態。
（二）構材及接頭之設計強
度，應大於或等於由因
數化載重組合計得之需
要強度；設計強度係由
標稱強度乘強度折減因
子；強度折減因子及載
重因數，應依設計規範
規定。
前項第三款第一目規定容許應力
之計算，不包括滿足接頭區之局
部高應力。
第一項第四款第一目規定強度極
限，指與結構之安全性密切相關
之最大承載能力；使用性極限，
指正常使用下其使用功能之極限
狀態。
設計冷軋型鋼結構構材之斷面或
其接合，應使其應力不超過設計
規範規定之容許應力，或使其設
計強度大於或等於由因數化載重
組合計得之需要強度。

第524條
★☆☆
○check

冷軋型鋼結構製圖，應符合左列規定：

一、設計圖應依結構計算書之計算結果繪製，並應依設計及施工規範規定。

二、冷軋型鋼結構施工前應依設計圖說，事先繪製施工圖；施工圖應註明構材於製造、組合及安裝時所需之完整資料，並應依設計及施工規範規定。

三、冷軋型鋼結構之製圖比例、圖線規定、構材符號、鋼材符號及相關連結物符號，應依設計及施工規範規定。

第525條
☆☆☆
○check

冷軋型鋼結構施工，由購料、加工、接合至安裝完成，均應詳細查驗證明其品質及安全。

第526條
☆☆☆
○check

冷軋型鋼結構之耐震設計，應依本編第一章第五節耐震設計規定；其構材及接合之設計，應依設計規範規定。

第二節　設計強度及應力

第527條
☆☆☆
○check

冷軋型鋼結構使用之材料包括冷軋成型之鋼構材、螺絲、螺栓、墊片、螺帽、鉚釘及銲接材料等，均應符合<u>中華民國國家標準</u>。無中華民國國家標準適用之材料者，應依中華民國國家標準鋼料檢驗通則 CNS 2608.G52 及相關之國家檢驗測試標準，或中央主管建築機關認可之國際通行檢驗規則檢驗，確認符合其原標示之標準，且證明符合設計規範規定。

冷軋型鋼結構使用鋼材，由國外進口者，應具備原製造廠家之品質證明書，並經檢驗機關依中華民國國家標準或中央主管建築機關認可之國際通行檢驗規則檢驗合格，證明符合設計規範規定。

第528條
★☆☆
○check

冷軋型鋼結構使用之鋼材，得依設計需要，採用合適之材料，且應確實把握產品來源。不同類鋼材未特別規定者，得依強度及接合需要相互配合應用。

冷軋型鋼結構採用銲接時，應選用<u>可銲性</u>且<u>延展良好</u>之銲接結構用鋼材，並以工廠銲接為原則。

第529條
★☆☆
○check

冷軋型鋼結構構材之長細比為其有效長與其迴轉半徑之比，並應檢核其對強度、使用性及施工性之影響。

第530條
★☆☆
○check

冷軋型鋼結構構架穩定應符合左列規定：

一、含斜撐系統構架：以斜撐構材、剪力牆或其他等效方法抵抗橫向力，且提供足夠之側向勁度，其受壓構材之有效長度係數應採用**1.0**。如採用小於1.0之有效長度係數，其值需以分析方法求得。多樓層含斜撐系統構架中之豎向斜撐系統，應以結構分析方法印證其具有足夠之勁度及強度，以維持構架在載重作用下之側向穩定，防止構架挫屈或傾倒，且分析時應考量水平位移之效應。

二、無斜撐系統構架：應經計算或實驗證明其構架之穩定性。

第531條 載重變動頻繁應力反復之構材，
☆☆☆　應依<u>反復應力</u>規定設計。
◯check

第三節　構材之設計

第532條 設計拉力構材時，應考量<u>全斷面</u>
☆☆☆　<u>之降伏</u>、<u>淨斷面之斷裂</u>及其振動、
◯check　變形及連結物之影響。計算淨斷
　　　面上之強度時，應考量<u>剪力遲滯</u>
　　　效應。

第533條 設計壓力構材時，應考量<u>局部挫</u>
★☆☆　<u>屈</u>、<u>整體挫屈</u>、<u>降伏</u>等之安全性。
◯check

第534條 設計撓曲構材時，應考慮其<u>撓曲</u>
☆☆☆　<u>強度</u>、剪力強度、腹板皺曲強度，
◯check　並檢核在各種組合載重作用下之
　　　安全性。

第535條 撓曲構材之設計，除強度符合規
☆☆☆　範要求外，亦應依<u>撓度限制</u>規定
◯check　設計之。

第536條 設計受扭矩及組合力共同作用之
☆☆☆　構材時，應考量軸力與彎矩共同
◯check　作用時引致之<u>二次效應</u>，並檢核
　　　在各種組合載重作用下之安全性。

技規構造編·冷軋型鋼構造 529～536

第537條
☆☆☆
○check

設計冷軋型鋼結構及其他結構材料組合之複合系統，應依設計規範及其他使用材料之設計規定。

第四節　接合設計

第538條
☆☆☆
○check

接合之受力模式宜簡單明確，傳力方式宜緩和漸變，避免產生應力集中之現象。接合型式之選用以製作簡單、維護容易為原則，接合處之設計，應能充分傳遞被接合構材計得之應力，如接合應力未經詳細計算，得依被接合構材之強度設計之。

接合設計在必要時，應依接合所在位置對整體結構安全影響程度酌予調整其設計之安全係數或安全因子，以提高結構之安全性。

第539條
☆☆☆
○check

連結結構體與基礎之錨定螺栓，其設計應能抵抗在各種載重組合下，柱端所承受之拉力、剪力與彎矩，及因橫力產生之彎矩引致之淨拉力分量。

混凝土支承結構設計需安全支承載重，埋入深度應有適當之安全係數或安全因子，確保埋置強度不致因局部或全部支承混凝土結構之破壞而折減。

第540條

☆☆☆

○check

冷軋型鋼構造之接合應考量接合構材及連結物之強度。

冷軋型鋼構造接合以銲接、螺栓及螺絲接合為主；其接合方式及適用範圍應依設計及施工規範規定，並應考慮接合之偏心問題。

第三章

建築技術規則建築設備編

民國110年01月19日

 電氣設備

第一節　通則

第1條
☆☆☆
○check

建築物之電氣設備，應依屋內線路裝置規則、各類場所消防安全設備設置標準及輸配電業所定電度表備置相關規定辦理；未規定者，依本章之規定辦理。

第1-1條
★★☆
○check

配電場所應設置於地面或地面以上樓層。如有困難必須設置於地下樓層時，僅能設於地下1層。
配電場所設置於地下一層者，應裝設必要之防水或擋水設施。但地面層之開口均位於當地洪水位以上者，不在此限。

第2條
☆☆☆
○check

使用於建築物內之電氣材料及器具，均應為經中央目的事業主管機關或其認可之檢驗機構檢驗合

格之產品。

第2-1條
★☆☆
〇check

電氣設備之管道間應有足夠之空間容納各電氣系統管線。其與電信、給水排水、消防、燃燒、空氣調節及通風等設備之管道間採合併設置時，電氣管道與給水排水管、消防水管、燃氣設備之供氣管路、空氣調節用水管等管道應予以分隔。

第二節　照明設備及緊急供電設備

第3條
★☆☆
〇check

建築物之各處所除應裝置一般照明設備外，應依本規則建築設計施工編第一百一十六條之二規定設置安全維護照明裝置，並應依各類場所消防安全設備設置標準之規定裝置緊急照明燈、出口標示燈及避難方向指示燈等設備。

第4條
～
第6條

（刪除）

（刪除）

第7條
★★★
〇check

建築物內之下列各項設備應接至緊急電源：
一、火警自動警報設備。

二、緊急廣播設備。
三、地下室排水、污水抽水幫浦。
四、消防幫浦。
五、消防用排煙設備。
六、緊急昇降機。
七、緊急照明燈。
八、出口標示燈。
九、避難方向指示燈。
十、緊急電源插座。
十一、防災中心用電設備。

第7-1條
★☆☆
○check
緊急電源之供應，採用發電機設備者，發電機室應有適當之進氣及排氣開孔，並應留設維修進出通道；採用蓄電池設備者，蓄電池室應有適當之排氣裝置。

第8條 （刪除）

第9條
☆☆☆
○check
緊急昇降機及消防用緊急供電設備之配線，均應連接至電動機，並依各類場所消防安全設備設置標準規定設置。

第10條 （刪除）

第三節　特殊供電

第11條
★☆☆
○check

凡裝設於舞臺之電氣設備，應依下列規定：

一、　對地電壓應為300伏特以下。

二、　配電盤前面須為無活電露出型，後面如有活電露出，應用牆、鐵板或鐵網隔開。

三、　舞臺燈之分路，每路最大負荷不得超過20安培。

四、　凡簾幕馬達使用電刷型式者，其外殼須為全密閉型者。

五、　更衣室內之燈具不得使用吊管或鏈吊型，燈具離樓地板面高度低於2.5公尺者，並應加裝燈具護罩。

第12條
☆☆☆
○check

電影製片廠影片儲藏室內之燈具為氣密型玻璃外殼者，燈之控制開關應裝置於室外之牆壁上，開關旁並應附裝標示燈，以示室內燈光之點滅。

第13條
☆☆☆
○check

電影院之放映室，應依下列規定：

一、　放映室燈應有燈具護罩，室內並須裝設機械通風設備。

二、　放映室應專作放置放映機之用。整流器、變阻器、變壓器等應放置其他房間。但有適當之護罩使整流器、變壓器等所發生之熱或火花不致碰觸軟版者，不在此限。

第14條
★★☆
○check

招牌廣告燈及樹立廣告燈之裝設，應依下列規定：

一、 於每一組個別獨立安裝之廣告燈可視及該廣告燈之範圍內，均應裝設一可將所有非接地電源線切斷之專用開關，且其電路上應有漏電斷路器。

二、 設置於屋外者，其電源回路之配線應採用電纜。

三、 廣告燈之金屬外殼及固定支撐鐵架等，均應接地。

四、 應在明顯處所附有永久之標示，註明廣告燈製造廠名稱、電源電壓及輸入電流，以備日後檢查之用。

五、 電路之接地、漏電斷路器、開關箱、配管及配線等裝置，應依屋內線路裝置規則辦理。

第15條 ★☆☆ ○check	X光機或放射線之電氣裝置，應依下列規定：
	一、 每一組機器應裝設保護開關於該室之門上，並應將開關連接至機器控制器上，當室門未緊閉時，機器即自動斷電。
	二、 室外門上應裝設<u>紅色及綠色</u>標示燈，當機器開始操作時，紅燈須點亮，機器完全停止時，綠燈點亮。

第16條 ★★☆ ○check	游泳池之電氣設備，應依下列規定：
	一、 為供應游泳池內電氣器具之電源，應使用絕緣變壓器，其一次側電壓，應為<u>300伏特</u>以下，二次側電壓，應為<u>150伏特</u>以下，且絕緣變壓器之二次側不得接地，並附接地隔屏於一次線圈與二次線圈間，絕緣變壓器二次側配線應按金屬管工程施工。
	二、 供應游泳池部分之電源應裝設<u>漏電斷路器</u>。
	三、 所有器具均應按<u>第三種地線</u>工程妥為接地。

第四節　緊急廣播設備

第17條　(刪除)

第18條　(刪除)

第五節　避雷設備

第19條
★★☆
○check

為保護建築物或危險物品倉庫遭受雷擊，應裝設避雷設備。
前項避雷設備，應包括受雷部、避雷導線(含引下導體)及接地電極。

第20條
★★★
○check

下列建築物應有符合本節所規定之避雷設備：
一、建築物高度在20公尺以上者。
二、建築物高度在3公尺以上並作危險物品倉庫使用者(火藥庫、可燃性液體倉庫、可燃性氣體倉庫等)。

第21條
★★★
○check

避雷設備受雷部之保護角及保護範圍，應依下列規定：
一、受雷部採用富蘭克林避雷針者，其針體尖端與受保護地面周邊所形成之圓錐體即為避雷針之保護範圍，此圓錐體之<u>頂角之一半</u>即為保護角,除危險物品倉庫之保護角不得超過<u>45度</u>外,其他建築物之保護角不得超過<u>60度</u>。

二、受雷部採用前款型式以外者,應依本規則總則編第四條規定,向中央主管建築機關申請認可後,始得運用於建築物。

第22條
★☆☆
〇check

受雷部針體應用直徑<u>12公厘</u>以上之<u>銅棒</u>製成;設置環境有使銅棒腐蝕之虞者,其銅棒外部應施以防蝕保護。

第23條
★★☆
〇check

受雷部之支持棒可使用銅管或鐵管。使用銅管時,長度在<u>1公尺</u>以下者,應使用外徑<u>25公厘</u>以上及管壁厚度<u>1.5公厘</u>以上;超過<u>1公尺</u>者,須用外徑<u>31公厘</u>以上及管壁厚度<u>2公厘</u>以上。使用鐵管時,應使用管徑<u>25公厘</u>以上及管壁厚度<u>3公厘</u>以上,並不得將導線穿入管內。

第24條

★☆☆

○check

建築物高度在30公尺以下時，應使用斷面積30平方公厘以上之銅導線；建築物高度超過30公尺，未達36公尺時，應用60平方公厘以上之銅導線；建築物高度在36公尺以上時，應用100平方公厘以上之銅導線。導線裝置之地點有被外物碰傷之虞時，應使用硬質塑膠管或非磁性金屬管保護之。

第25條

★★☆

○check

避雷設備之安裝應依下列規定：

一、 避雷導線須與電力線、電話線、燃氣設備之供氣管路離開1公尺以上。但避雷導線與電力線、電話線、燃氣設備之供氣管路間有靜電隔離者，不在此限。

二、 距離避雷導線在1公尺以內之金屬落水管、鐵樓梯、自來水管等應用14平方公厘以上之銅線予以接地。

三、 避雷導線除煙囪、鐵塔等面積甚小得僅設置1條外，其餘均應至少設置2條以上，如建築物外周長超過100公尺，每超過50公尺應增裝1

條，其超過部分不足50公尺者得不計，並應使各接地導線相互間之距離儘量平均。

四、避雷系統之總接地電阻應在10歐姆以下。

五、接地電極須用厚度1.4公厘以上之銅板，其大小不得小於0.35平方公尺，或使用2.4公尺長19公厘直徑之鋼心包銅接地棒或可使總接地電阻在10歐姆以下之其他接地材料。接地電極之埋設深度，採用銅板者，其頂部應與地表面有1.5公尺以上之距離；採用接地棒者，應有1公尺以上之距離。

六、1個避雷導線引下至2個以上之接地電極以並聯方式連接時，其接地電極相互之間隔應為2公尺以上。

七、導線之連接：

（一）導線應儘量避免連接。

（二）導線之連接須以銅焊或銀焊為之，不得僅以螺絲連接。

八、導線轉彎時其彎曲半徑應在20公分以上。

九、導線每隔2公尺須用適當之固定器固定於建築物上。

十、不適宜裝設受雷部針體之地點，得使用與避雷導線相同斷面之裸銅線架空以代替針體。其保護角應符合第二十一條之規定。

十一、鋼構造建築，其直立鋼骨之斷面積300平方公厘以上，或鋼筋混凝土建築，其直立主鋼筋均用焊接連接其總斷面積300平方公厘以上，且依第四款及第五款規定在底部用30平方公厘以上接地線接地時，得以鋼骨或鋼筋代替避雷導線。

十二、平屋頂之鋼架或鋼筋混凝土建築物，裝設避雷設備符合本條第十款規定者，其保護角應遮蔽屋頂突出物全部與建築物屋角及邊緣。其平屋頂中間平坦部分之避雷設備，除危險物品倉庫外，得省略之。

第二章 給水排水系統及衛生設備

第一節　給水排水系統

第26條
☆☆☆
○check

建築物給水排水系統設計裝設及設備容量、管徑計算，除自來水用戶用水設備標準、下水道用戶排水設備標準，及各地區另有規定者從其規定外，應依本章及建築物給水排水設備設計技術規範規定辦理。

前項建築物給水排水設備設計技術規範，由中央主管建築機關定之。

第27條 (刪除)

第28條
★☆☆
○check

給水、排水及通氣管路全部或部分完成後，應依建築物給水排水設備設計技術規範進行管路耐壓試驗，確認通過試驗後始為合格。

第29條
★★☆
○check

給水排水管路之配置，應依建築物給水排水設備設計技術規範設計，以確保建築物安全，避免管線設備腐蝕及污染。

排水系統應裝設衛生上必要之設備，並應依下列規定設置截留器、分離器：

一、餐廳、店鋪、飲食店、市場、商場、旅館、工廠、機關、學校、醫院、老人福利機構、身心障礙福利機構、兒童及少年安置教養機構及俱樂部等建築物之附設食品烹飪或調理場所之水盆及容器落水，應裝設油脂截留器。

二、停車場、車輛修理保養場、洗車場、加油站、油料回收場及涉及機械設施保養場所，應裝設油水分離器。

三、營業性洗衣工廠及洗衣店、理髮理容場所、美容院、寵物店及寵物美容店等應裝設截留器及易於拆卸之過濾罩，罩上孔徑之小邊不得大於12公釐。

四、牙科醫院診所、外科醫院診所及玻璃製造工廠等場所，應裝設截留器。

未設公共污水下水道或專用下水道之地區，沖洗式廁所排水及生活雜排水均應納入污水處理設施加以處理，污水處理設施之<u>放流口應高出排水溝</u>經常水面**3公分**以上。

沖洗式<u>廁所排水</u>、生活<u>雜排水</u>之排水管路應與<u>雨水</u>排水管路分別裝設，不得共用。

住宅及集合住宅設有陽臺之每一住宅單位，應至少於一處陽臺設置<u>生活雜排水管路</u>，並予以標示。

第30條
～
第36條 (刪除)

第30條 (刪除)

第二節　衛生設備

第37條
★★★
○check

建築物裝設之衛生設備數量不得少於下表規定：

建築物種類	大便器	小便器	洗面盆	浴缸或淋浴
一　住宅、集合住宅	每1居住單位1個。		每1居住單位1個。	每1居住單位1個。
二　小學、中學	男子：每50人1個。女子：每10人1個。	男子：每30人1個。	每60人1個。	
三　其他學校	男子：每75人1個。女子：每15人1個。	男子：每30人1個。	每60人1個。	

四　辦公廳

總人數	男	女	個數	總人數	個數
1至15	1	1	1	1至15	1
16至35	1	2	1	16至35	2
36至55	1	3	1	36至60	3
56至80	1	3	2	61至90	4
81至110	1	4	2	91至120	5
110至150	2	6	3		

超過150人時，以人數男女各占一半計算，每增加男子120人男用增加1個，每增加女子30人女用增加1個。｜超過150人時，每增加男子60人增加1個。｜超過125人時，每增加45人增加1個。

五　工廠、倉庫

總人數	男	女	個數
1至24	1	1	1
25至49	1	2	1
50至100	1	3	2

超過100人時，以人數男女各占一半計算，每增加男子120人男用增加1個，每增加女子30人女用增加1個。｜超過100人時，每增加男子60人增加1個。｜100人以下時，每10人1個，超過100人時每15人1個。｜在高溫有毒害之工廠每15人1個。

建築物種類		大便器	小便器	洗面盆	浴缸或淋浴
六	宿舍	男子：每10人1個，超過10人時，每增加25人，增加1個。女子：每6人1個，超過30人時，每增加10人增加1個。	男子：每25人1個，超過150人時，每增加50人增加1個。	每12人1個，超過12人時，男子每增加20人增加1個，女子每增加15人增加1個。	每8人1個，超過150人，每增加20人增加1個。女子宿舍每30人增加浴缸1個。

建築物種類		總人數	男	女	個數	總人數	個數
七	戲院演藝場集會堂電影院歌廳	1至100	1	5	2	1至200	2
		101至200	2	10	4	201至400	4
		201至300	3	15	6	401至750	6
		301至400	4	20	8		
		超過400人時，以人數男女各占一半計算，每增加男子100人男用增加1個，每增加女子20人女用增加1個。				超過400人時，每增加男子50人增加1個。	超過750人時，每增加300人增加1個。

建築物種類		總人數	男	女	個數	總人數	個數
八	車站航空站候船室	1至50	1	2	1	1至200	2
		51至100	1	5	2	201至400	4
		101至200	2	10	2	401至600	6
		201至300	3	15	4		
		301至400	4	20	6		

建築物種類	大便器				小便器	洗面盆	浴缸或淋浴
	超過400人時，以人數男女各占一半計算，每增加男子100人男用增加1個，每增加女子20人女用增加1個。				超過400人時，每增加男子50人增加1個。	超過600人時，每增加300人增加1個。	

<table>
<tr><td rowspan="8">九</td><td rowspan="8">其他供公眾使用之建築物</td><td colspan="4" style="text-align:center">（大便器）</td><td>小便器</td><td>洗面盆</td><td rowspan="8"></td></tr>
<tr><td>總人數</td><td>男</td><td>女</td><td>個數</td><td>總人數｜個數</td><td>總人數｜個數</td></tr>
</table>

總人數	男	女	個數	總人數	個數	總人數	個數
1 至 50	1	2	1	1 至 15	1		
51 至 100	1	4	2	16 至 35	2		
101 至 200	2	7	4	36 至 60	3		
				61 至 90	4		
				91 至 125	5		

建築物種類	大便器	小便器	洗面盆	浴缸或淋浴
其他供公眾使用之建築物	超過200人時，以人數男女各占一半計算，每增加男子120人男用增加1個，每增加女子30人女用增加1個。	超過200人時，每增加男子60人增加1個。	超過125人時，每增加45人增加1個。	

說明：
一、本表所列使用人數之計算，應依下列規定：
 （一）小學、中學及其他學校按同時收容男女學生人數計算。
 （二）辦公廳之建築物按居室面積每平方公尺0.1人計算。
 （三）工廠、倉庫按居室面積每平方公尺0.1人計算或得以目的事業主管機關核定之投資計畫或設廠計畫書等之設廠人數計算；無投資計畫或設廠計畫書者，得由申請人檢具預定設廠之製程、設備及作業人數，區分製造業及非製造業，前者送請中央工業主管機關檢核，後者送請直轄市、縣(市)政府備查，分別依檢核或備查之作業人數計算。
 （四）宿舍按固定床位計算，且得依宿舍實際男女人數之比例調整。
 （五）戲院、演藝場、集會堂、電影院、歌廳按固定席位數計算；未設固定席位者，按觀眾席面積每平方公尺1.2人計算。

（六）車站按營業及等候空間面積<u>每平方公尺0.4人</u>計算，航空站、候船室按營業及等候空間面積<u>每平方公尺0.2人</u>計算；或得依該中央目的事業主管機關核定之車站、航空站、候船室使用人數（以每日總運量乘以0.2）計算之。

（七）其他供公眾使用之建築物按居室面積<u>每平方公尺0.2人</u>計算。

（八）本表所列建築物人數計算以男女各占一半計算。但辦公廳、其他供公眾使用建築物、工廠、倉庫、戲院、演藝場、集會堂、電影院、歌廳、車站及航空站，得依實際男女人數之比例調整之。

二、依本表計算之男用大便器及小便器數量，得在其總數量不變下，調整個別便器之數量。但大便器數量不得為表列個數<u>1/2</u>以下。

第38條
★★☆
◯check

裝設洗手槽時，以每<u>45公分</u>長度相當於一個洗面盆。

第39條
☆☆☆
◯check

本規則建築設計施工編第四十九條規定之污水處理設施，其污水放流水質應符合水污染防治法規定。

第40條　（刪除）

第40-1條
☆☆☆
◯check

污水處理設施為現場構築者，其技術規範由中央主管建築機關另定之；為預鑄式者，應經中央環境保護主管機關會同中央主管建築機關審核認可。

第41條　（刪除）

第一節　消防設備

第42條
☆☆☆
○check

本規則建築設計施工編第一一四條第一款規定之消防栓，其裝置方法及必需之配件，應依本節規定。

第43條
★☆☆
○check

消防栓之消防立管管系，應採用符合中國國家標準之鍍鋅白鐵管或黑鐵管。

第44條
★★★
○check

消防栓之消防立管管系竣工時，應作加壓試驗，試驗壓力不得小於每平方公分14公斤，如通水後可能承受之最大水壓超過每平方公分10公斤時，則試驗壓力應為可能承受之最大水壓加每平方公分3.5公斤。

試驗壓力應以繼續維持2小時而無漏水現象為合格。

第45條
★★★
○check

消防栓之消防立管之裝置，應依左列規定：
一、管徑不得小於63公厘，並應自建築物最低層直通頂層。

二、 在每一樓層每25公尺半徑範圍內應裝置1支。

三、 立管應裝置於不受外來損傷及火災不易殃及之位置。

四、 同一建築物內裝置立管在2支以上時，所有立管管頂及管底均應以橫管相互連通，每支管裝接處應設水閥，以便破損時能及時關閉。

第46條
★★☆
○check

每一樓層之每一消防立管，應接裝符合左列規定之消防栓1個：

一、 距離樓地板面之高度，不得大於1.5公尺，並不得小於30公分。

二、 應為銅質角形閥。

三、 應裝在走廊或防火構造之樓梯間附近便於取用之位置。供集會或娛樂場所，應裝在左列位置：

(一) 舞台兩側。

(二) 觀眾席後兩側。

(三) 包箱後側。

四、 消防栓之放水量，須經常保持每分鐘不得小於130公升。瞄子放水水壓不得小於每平方公分1.7公斤，(5支瞄子同時出水)消防栓出口之靜水壓超過每平方公分7公斤時，應加裝減壓閥，但直徑63公厘之消防栓免裝。

第47條
★★☆
○check

消防栓應裝置於符合左列規定之消防栓箱內：

一、 箱身應依不燃材料構造，並予固定不移動。

二、 箱面標有明顯而不易脫落之「消防栓」字樣。

三、 箱內應配有左列兩種裝備之任一種。

    (一) 第一種裝備

        1. 口徑38公厘或50公厘消防水栓一個。

        2. 口徑38公厘或50公厘消防水帶2條，每條長10公尺並附快式接頭。

        3. 軟管架。

        4. 口徑13公厘直線水霧兩用瞄子一個。

        5. 5層以上建築物第五層以上樓層、每層每一立管、應裝口徑63公厘供消防專用快接頭出水口一處。

(二) 第二種裝備

1. 口徑**25公厘**自動消防栓連同管盤，長**30公尺**之皮管及直線水霧兩用瞄子1套。

2. 口徑**63公厘**消防栓1個，並附長**10公尺**水帶2條及瞄子1具，其水壓應符合前條規定。

第48條
★★★
○check

裝置消防立管之建築物，應自備一種以上可靠之水源。水源容量不得小於裝置消防栓最多之樓層內全部消防栓繼續放水**20分鐘**之水量，但該樓層內全部消防栓數量超過5個時，以**5個**計算之。

前項水源，應依左列規定：

一、**重力**水箱：專供消防用者，容量不得小於前項規定，與普通給水合併使用者，容量應為普通給水量與不小於前項規定之消防用水量之和。普通給水管管系與消防立管管系，必須**分開**，不得相互連通，消防立管管系與水箱連接後，應裝設逆水閥。重力水箱之水泵，應連接緊急電源。

二、 地下水池及消防水泵：地下水池之容量不得小於重力水箱規定之容量。水泵應裝有自動或手動之啟動裝置，手動啟動裝置在每一消防栓箱內。水泵並應與緊急電源相連接。

三、 壓力水箱及加壓水泵：水箱內空氣容積不得小於水箱容積之1/3，壓力不得小於使建築物最高處之消防栓維持規定放水水壓所需壓力。水箱內貯水量及加壓水泵輸水量之配合水量，不得小於前項規定之水源容量。水箱內壓力減低時，水泵應能立即啟動。水泵應與緊急電源相連接。

四、 在自來水壓力及供水充裕之地區，經當地主管自來水機關之同意，消防水泵或加壓水泵得直接接自來水管。

第49條
★★☆
〇check

裝置消防立管之建築物，應於地面層室外臨建築線處設置口徑63公厘且符合左列規定之送水口。

一、消防立管數在2支以下時，應設置雙口式送水口1個，並附快接頭，3支以上時，設置2個。

二、送水口應與消防立管系連通，且在連接處裝置逆止閥。

三、送水口距離基地地面之高度不得大於1公尺，並不得小於50公分。

四、送水口上應標明「消防送水口」字樣。

五、送水口之裝設以埋入型為原則，如需加裝露出型時，應不得妨礙交通及市容。

第50條
★★☆
〇check

裝置消防立管之建築物，其地面以上樓層數在10層以上者，應在其屋頂上適當位置，設置口徑63公厘之消防栓1個，消防栓應與消防立管系連通，其距離屋頂面之高度不得大於1公尺，並不得小於50公分。

第51條
☆☆☆
〇check

本規則建築設計施工編第一一四第二款規定之自動撒水設備，其裝置方法及必需之配件，應依本節規定。

第52條
☆☆☆
〇check

自動撒水設備管系採用之材料，應依本編第四十三條規定。

第53條
★★☆
〇check

自動撒水設備竣工時，應作<u>加壓試驗</u>，試驗方法：準用本編第四十四條規定，但乾式管系應併行<u>空壓</u>試驗，試驗時，應使空氣壓力達到每平方公分<u>2.8公斤</u>之標準，在保持<u>24小時</u>之試驗時間內，如漏氣量達到<u>0.23</u>以上時，應即將漏氣部份加以填塞。

第54條
★★★
〇check

自動撒水設備得依實際情況需要，採用左列任一裝置形式：
一、<u>密閉濕式</u>：平時管內貯滿<u>高壓水</u>，作用時即時撒水。
二、<u>密閉乾式</u>：平時管內貯滿<u>高壓空氣</u>，作用時先排空氣，繼即撒水。
三、<u>開放式</u>：平時管內無水，用火警<u>感應器啟動控制閥</u>，使水流入管系撒水。

第55條
★★★
○check

自動撒水設備之撒水頭，其配置應依左列規定：

一、撒水頭之配置，在正常情形下應採<u>交錯</u>方式。

二、戲院、舞廳、夜總會、歌廳、集會堂表演場所之舞台及道具室、電影院之放映室及貯存易燃物品之倉庫，每一撒水頭之<u>防護面積</u>不得大於<u>6平方公尺</u>，撒水頭間距，不得大於<u>3公尺</u>。

三、前款以外之建築物，每一撒水頭之防護面積不得大於<u>9平方公尺</u>，間距不得大於<u>3公尺半</u>。但防火建築物或防火構造建築物，其防護面積得增加為<u>11平方公尺</u>以下，間距<u>4公尺</u>以下。

四、撒水頭與牆壁間距離，不得大於前兩款規定間距之<u>半數</u>。

第56條
★★★
○check

撒水頭裝置位置與結構體之關係，應依左列規定：

一、撒水頭之<u>迴水板</u>，應裝置成<u>水平</u>，但樓梯上得與樓梯<u>斜面平行</u>。

二、撒水頭之迴水板與屋頂板，
　或天花板之間距，不得小於
　8公分，且不得大於**40**公分。
三、撒水頭裝置於樑下時，迴水
　板與梁底之間距不得大於**10**
　公分，且與屋頂板，或天花
　板之間距不得大於**50**公分。
四、撒水頭四週，應保持**60**公分
　以上之淨空間。
五、撒水頭側面有樑時，應依左
　表規定裝置之：

迴水版高出樑底面尺寸 （公分）	撒水頭與樑側面淨距離 （公分）
0	1 — 30
2.5	31 — 60
5.0	61 — 75
7.5	76 — 90
10.0	91 — 105
15.0	106 — 120
17.0	121 — 135
22.5	136 — 150
27.5	151 — 165
35.0	166 — 180

六、撒水頭迴水板與其下方隔間
　牆頂或櫥櫃頂之間距，不得
　小於**45**公分。
七、撒水裝在空花型天花板內，
　對熱感應與撒水皆有礙時，
　應用定格溫度較低之撒水頭。

第57條
★☆☆
○check

左列房間，得免裝撒水頭：

一、 洗手間、浴室、廁所。
二、 室內太平梯間。
三、 防火構造之電梯機械室。
四、 防火構造之通信設備室及電腦室，具有其他有效滅火設備者。
五、 貯存鋁粉、碳酸鈣、磷酸鈣、鈉、鉀、生石灰、鎂粉、過氧化鈉等遇水將發生危險之化學品倉庫或房間。

第58條
★☆☆
○check

撒水頭裝置數量與其管徑之配比，應依左表規定：

管徑(公厘)	25	32	40	50	65	80	90	100
撒水頭數量(個)	2	3	5	10	30	60	100	100以上

每一直接接裝撒水頭之支管上，撒水頭不得超過8個。

第59條
★★★
○check

撒水頭放水量應依左列規定：

一、 密閉濕式或乾式：每分鐘不得小於80公升。
二、 開放式：每分鐘不得小於160公升。

第60條
★★☆
○check

自動撒水設備應裝設<u>自動警報逆止閥</u>，每一樓層之樓地板面積<u>3000</u>平方公尺以內者，每一樓層應裝置一套；超過3000平方公尺時，每一樓層應裝設<u>2套</u>。無隔間之樓層內，前項3000平方公尺，得增為<u>12000平方公尺</u>。

第61條
★★☆
○check

每一裝有自動警報逆止閥之自動撒水系統，應與左列規定，配置<u>查驗管</u>：

一、　管徑不得小於<u>25公厘</u>。

二、　出口端配裝平滑而防銹之噴水口，其放水量應與本編第五十九條規定相符。

三、　查驗管應接裝在建築物<u>最高層</u>或最遠支管之末端。

四、　查驗管控制閥距離地板面之高度，不得大於<u>2.1公尺</u>。

第62條
★★★
○check

裝置自動撒水設備之建築物，應自備一種以上可靠之水源。水源容量，應依左列規定：

一、　<u>10層</u>以下建築物：不得小於<u>10個</u>撒水頭繼續放水<u>20分鐘</u>之水量。

二、　<u>11層</u>以上之建築物及百貨商場、戲院之樓層：不得小於

30個撒水頭繼續放水20分鐘之水量。

前項水源，應為能自動供水之重力水箱，地下水池及消防水泵、或壓力水箱及加壓水泵。水泵均應連接緊急電源。

第63條
☆☆☆
○check

裝置自動撒水設備之建築物，應依本編第四十九條第一、二、三款設置送水口，並在送水口上標明「自動撒水送水口」字樣。

第三節 火警自動警報器設備

第64條
☆☆☆
○check

本規則建築設計施工編第一一五條規定之火警自動警報器，其裝置方法及必需之配件，應依本節規定。

第65條
★★★
○check

裝設火警自動警報器之建築物，應依左列規定，劃定火警分區：

一、每一火警分區不得超過1樓層，且不得超過樓地板面積600平方公尺，但上下兩層樓地板面積之和不超過500平方公尺者，得2層共同一分區。

二、每一分區之任一邊長，不得超過 50 公尺。

三、如由主要出入口，或直通樓梯出入口能直接觀察該樓層任一角落時，第一款規定之 600 平方公尺得增為 1000 平方公尺。

第66條
★★★
○check

火警自動警報設備應包括左列設備：

一、自動火警探測設備。
二、手動報警機。
三、報警標示燈。
四、火警警鈴。
五、火警受信機總機。
六、緊急電源。

裝置於散發易燃性塵埃處所之火警自動警報設備，應具有防爆性能。裝置於散發易燃性飛絮或非導電性及非可燃性塵埃處所者，應具有防塵性能。

第67條
★★★
○check

自動火警探測設備，應為符合左列規定型式之任一型：

一、定溫型：裝置點溫度到達探測器定格溫度時，即行動作。該探測器之性能，應能在室温攝氏**20**<u>度</u>昇至攝氏**85**<u>度</u>時，於**7**<u>分鐘</u>內動作。

二、<u>差動型</u>：當裝置點溫度以平均<u>每分鐘攝氏**10**度上昇</u>時，應能在**4**<u>分半鐘</u>以內即行動作，但通過探測器之氣流較裝置處所室溫度高出攝氏**20**<u>度</u>時，該探測器亦應能在**30**<u>秒</u>內動作。

三、<u>偵煙型</u>：裝置點煙之濃度到達**8%**遮光程度時，探測器應能在**20**<u>秒</u>內動作。

第68條　探測器之有效探測範圍，應依左表規定：

★★☆
〇check

型式	離地板面高度	有效探測範圍（平方公尺）	
		防火建築物及防火構造建築物	其他建築物
定溫型	<u>4</u>公尺以下	<u>20</u>	<u>15</u>
差動型	<u>4</u>公尺以下 <u>4</u>至<u>8</u>公尺	<u>70</u> <u>40</u>	<u>40</u> <u>25</u>
偵煙型	<u>4</u>公尺以下 <u>4</u>至<u>8</u>公尺 <u>8</u>至<u>20</u>公尺	<u>100</u> <u>50</u> <u>30</u>	<u>100</u> <u>50</u> <u>30</u>

偵測器裝置於四週均為通達天花板牆壁之房間內時，其探測範圍，除照前項規定外，並不得大於該

房間樓地板面積。

探測器裝置於四週均為淨高 **60公分** 以上之樑或類似構造體之平頂時，其探測範圍，除照本條表列規定外，並不得大於該樑或類似構造體所包圍之面積。

第69條

★☆☆

○check

探測器之構造，應依左列規定：

一、 動作用接點，應裝置於 **密封之容器** 內，不得與外面空氣接觸。

二、 氣溫降至攝氏 **零下10度** 時，其性能應不受影響。

三、 底板應有充力之 **強度**，裝置後不致因構造體變形而影響其性能。

四、 探測器之動作，不得因 **熱氣流方向** 之不同，而有顯著之變化。

第70條

★★★

○check

探測器裝置位置，應依左列規定：

一、 應裝置在天花板下方 **30公分** 範圍內。

二、 設有排氣口時，應裝置於排氣口週圍 **1公尺** 範圍內。

三、 **天花板** 上設出風口時，應距離該出風口 **1公尺** 以上。

四、牆上設有出風口時，應距離該出風口3公尺以上。

五、高溫處所，應裝置耐高溫之特種探測器。

第71條

★☆☆
○check

手動報警機應依左列規定：

一、按鈕按下時，應能即刻發出火警音響。

二、按鈕前應有防止隨意撥弄之保護板，但在8公斤靜指壓力下，該保護板應即時破裂。

三、電氣接點應為雙接點式。

裝置於屋外之報警機，應具有防水性能。

第72條

★☆☆
○check

標示燈應依左列規定：

一、用5瓦特或10瓦特之白熾燈泡，裝置於玻璃製造之紅色透明罩內。

二、透明罩應為圓弧形，裝置後凸出牆面。

第73條

★☆☆
○check

火警警鈴應依左列規定：

一、電源應為直流式。

二、電壓到達規定電壓之80%時，應能即刻發出音響。

三、在規定電壓下，離開火警警鈴100公分處，所測得之音量，不得小於**85貧 (phon)**。

四、 電鈴絕緣電阻在20兆歐姆以
　　上。

五、 警鈴音響應有別於建築物其
　　他音響，並除報警外，不得
　　兼作他用。

第74條
★☆☆
○check

手動報警機、標示燈及火警鈴之
裝置位置，應依左列規定：

一、 應裝設於火警時人員避難通
　　道內適當而明顯之位置。

二、 手動報警機高度，離地板面
　　之高度不得小於**1.2公尺**，並
　　不得大於**1.5公尺**。

三、 標示燈及火警警鈴距離地板
　　面之高度，應在**2公尺**至**2.5
　　公尺**之間，但與手動報警機
　　合併裝設者，不在此限。

四、 建築物內裝有消防立管之消
　　防栓箱時，手動報警機、標
　　示燈、及火警警鈴應裝設在
　　消火栓箱上方牆上。

第75條
★★☆
○check

火警受信總機應依左列規定：

一、 應具有火警表示裝置，指示
　　火警發生之分區。

二、 火警發生時，應能發出促使
　　警戒人員注意之音響。

三、 應具有試驗火警表示動作之
　　裝置。

四、 應為交直流電源兩用型，火
　　警分區不超過10區之總機，
　　其直流電源得採用適當容量
　　之乾電池，超過10區者，應
　　採用附裝自動充電裝置之蓄
　　電池。

五、 應裝有全自動電源切換裝
　　置，交流電源停電時，可自
　　動切換至直流電源。

六、 火警分區超過10區之總機，
　　應附有線路斷線試驗裝置。

七、 總機開關，應能承受最大負
　　荷電流之2倍，且使用1萬次
　　以上而無任何異狀者，總機
　　所用電鍵如非在定位時，應
　　以亮燈方式表示。

八、 火警表示裝置之燈泡，每分
　　區至少應有2個並聯，以免
　　因燈泡損壞而影響火警。

九、 繼電器應為雙接點式並附有
　　防塵外殼，在正常負荷下，
　　使用30萬次後，不得有任何
　　異狀。

第76條

★☆☆

○check

火警受信總機之裝置位置，應依左列規定：

一、 應裝置於值日室或警衛室等經常<u>有人之處所</u>。

二、 應裝在<u>日光不直接照射</u>之位置。

三、 應<u>垂直</u>裝置，避免傾斜，其外殼並須接地。

四、 壁掛型總機操作開關距離樓地板之高度，應在<u>1.5公尺</u>至<u>1.8公尺</u>之間。

第77條

☆☆☆

○check

火警自動警報器之配線，應依左列規定：

一、 採用電線配線者，應為耐熱<u>600伏特</u>塑膠絕緣電線，其線徑不得小於<u>1.2公厘</u>，或採用同斷面積以上之絞線。

二、 採用電纜者，應為<u>通信用</u>電纜。

三、 纜、線連接時，應先絞合<u>焊錫</u>，再以膠布包纏。

四、 除室外架空者外，纜、線應一律穿入金屬或硬質塑膠導線管內。

五、 採用數個分區共同一公用線方式配線時，該公用線供應之分區數，不得超過7個。

六、導線管許可容納電線根數應
依左表規定：

導管口徑(公厘) 電線線徑或斷面積 / 電線根數	76	63	50	38	32	25	19	13
1.2 公厘	160	105	74	45	33	18	12	7
1.6 公厘	143	93	65	40	29	16	10	6
2.0 公厘	117	76	53	32	24	13	8	4
5.5 平方公厘	95	61	43	26	19	11	6	4
8 平方公厘	56	36	25	15	11	6	4	

七、電線或電纜之斷面積，(包括
包覆之絕緣物)不得大於導
線管斷面積之30%。

八、配線應採用串接式，並應加
設終端電阻，以便斷線發生
時，可用通路試驗法由線機
處測出。

九、前款終端電阻，得以環繞型
接線代替。

十、埋設於屋外或有浸水之虞之
配線，應採用電纜外套金屬
管，並與電力線保持30公分
以上之間距。

第 四 章 燃燒設備

第一節　燃氣設備

第78條
☆☆☆
○check

建築物安裝<u>天然氣</u>、<u>煤氣</u>、<u>液化石油氣</u>、油裂氣或混合氣等非工業用燃氣設備，其燃氣供給管路、燃氣器具及供排氣設備等，除應符合燃氣及燃燒設備之目的事業主管機關有關規定外，應依本節規定。

第79條
★☆☆
○check

燃氣設備之燃氣供給管路，應依下列規定：
一、燃氣管材應符合中華民國國家標準或經目的事業主管機關認定者。
二、管徑大小應能足量供應其所連接之燃氣設備之<u>最大用量</u>，其壓力下降以不影響供給壓力為準。
三、<u>不得埋設</u>於建築物基礎、樑柱、牆壁、樓地板及屋頂構造體內。
四、埋設於基地內之室外引進管，應依下列規定：

(一) 埋設深度不得小於<u>30公分</u>，深度不足時應加設抵禦外來損傷之保護層。

(二) 可能與腐蝕性物質接觸者，應有<u>防腐蝕</u>措施。

(三) 貫穿外牆(含地下層)時，應裝套管，管壁間孔隙應用填料填塞，並應有<u>吸收相對變位</u>之措施。

五、敷設於建築物內之供氣管路，應符合下列規定：

(一) 燃氣供給管路貫穿主要結構時，不得對建築物構造應力產生不良影響。

(二) 燃氣供給管路不得設置於昇降機道、電氣設備室及煙囪等高溫排氣風道。

(三) 分歧管或不定期使用管路應有<u>分歧閥</u>等開閉裝置。

(四) 燃氣供給管路穿越伸縮縫時，應有<u>吸收變位</u>之措施。

(五) 燃氣供給管路穿越隔震構造建築物之隔震層時，應有<u>吸收相對變位</u>之措施。

(六) 燃氣器具連接供氣管路之連接管，得為金屬管或橡皮管。橡皮管長度不得超過 **1.8公尺**，並不得隱蔽在構造體內或貫穿樓地板或牆壁。

(七) 燃氣供給管路之固定、支承應使地震時仍能安全固定支撐。

六、 管路內有積留水份之虞處，應裝置適當之<u>洩水裝置</u>。

七、 管路出口、應依下列規定：

(一) 應裝置<u>牢固</u>。

(二) 不得裝置於門後，並應伸出樓地板面、牆面及天花板適當長度，以便扳手工作。

(三) 未車牙管子伸出樓地板面之長度，不得小於 <u>5公分</u>，伸出牆面或天花板面，不得小於 <u>2.5公分</u>。

（四）所有出口，不論有無關閉閥，未連接器具前，均應裝有<u>管塞</u>或管帽。

八、建築物之供氣管路立管應考慮層間變位，容許<u>層間變位</u>為<u>1%</u>。

第79-1條（刪除）

第80條

★☆☆
○check

燃氣器具及其供排氣等附屬設備應為符合中華民國國家標準之製品。

燃氣器具之設置安裝應符合下列規定：

一、燃氣器具及其供排氣等附屬設備設置安裝時，應依燃燒方式、燃燒器具別、設置方式別、周圍建築物之可燃、不可燃材料裝修別，設置<u>防火安全間距</u>並預留維修空間。

二、設置燃氣器具之室內裝修材料，應達<u>耐燃2級</u>以上。

三、燃氣器具不得設置於<u>危險物</u>貯存、處理或有易燃氣體發生之場所。

四、燃氣器具應擇建築物之樓板、牆面、樑柱等構造部<u>固定安裝</u>，並能防止因地震、其他振動、衝擊等而發生傾倒、破損，連接配管及供排氣管鬆脫、破壞等現象。

第80-1條 燃氣設備之供排氣管設置安裝應符合下列規定：
★☆☆
○check

一、燃氣器具排氣口周圍為<u>非不燃材料</u>裝修或設有建築物<u>開口</u>部時，應依本編第八十條之二規定，保持<u>防火安全間距</u>。

二、燃氣器具連接之煙囪、排氣筒、供排氣管(限排氣部分)等應使用材質為<u>不銹鋼</u>(型號：SUS 304)或同等性能以上之材料。

三、煙囪、排氣筒、供排氣管應牢固安裝，可耐自重、風壓、振動，且各部分之接續與器具之連接處應為<u>不易鬆脫</u>之氣密構造。

四、煙囪、排氣筒、供排氣管應為<u>不易積水</u>之構造，必要時設置洩水裝置。

五、煙囪、排氣筒、供排氣管不得與建築物之其他換氣設備之風管連接共用。

第80-2條 燃氣器具之煙囪、排氣筒、供排氣管之周圍為非不燃材料裝修時,應保持安全之防火間距或有效防護,並符合下列規定:

★☆☆
○check

一、當排氣溫度達攝氏260度以上時,防火間距取15公分以上或以厚度10公分以上非金屬不燃材料包覆。

二、當排氣溫度未達攝氏260度時,防火間距取排氣筒直徑之1/2或以厚度2公分以上非金屬不燃材料包覆。但密閉式燃燒器具之供排氣筒或供排氣管之排氣溫度在攝氏260度以下時,不在此限。

第80-3條 天花板內等隱蔽部設置排氣筒、排氣管、供排氣管時,各部位之連接結合應牢固不易鬆脫且為氣密構造,並以非金屬不燃材料包覆。但排氣溫度未達攝氏100度時,不在此限。

★☆☆
○check

第80-4條
★★☆
○check

燃氣設備之排氣管及供排氣管貫穿風道管道間,或有延燒之虞之外牆時,其設置安裝應符合下列規定:

一、排氣管及供排氣管之材料除應符合本編第八十條之一第二款規定外,並應符合該區劃或外牆防火時效以上之性能。

二、貫穿位置應防火填塞,且該風道管道間僅供排氣使用(密閉式燃燒設備除外),頂部開放外氣或以排氣風機排氣。

三、貫穿防火構造外牆時,貫穿部分之斷面積,密閉式燃燒設備應在1500平方公分以下,非密閉式燃燒設備應在250平方公分以下。

第81條 (刪除)

第81-1條
★★★
○check

於室內使用燃氣器具時,其設置換氣通風設備之構造,應符合下列規定:

一、供氣口應設置在該室天花板高度1/2以下部分,並開向與外氣直接流通之空間。以煙囪或換氣扇行換氣通風且無礙燃氣器具之燃燒者，得選擇適當之位置。

二、排氣口應設置在該室天花板下<u>80</u>公分範圍內，設置<u>換氣扇</u>或<u>開放外氣</u>或以排氣筒連接。以煙囪或排氣罩連接排氣筒行換氣通風者，得選擇適當之位置。

三、直接開放外氣之排氣口或排氣筒頂罩，其構造不得因外氣流<u>妨礙排氣</u>功能。

四、燃氣器具以排氣罩接排氣筒者，其排氣罩應為<u>不燃材料</u>製造。

第81-2條
★★☆
○check

排氣口及其連接之排氣筒、煙囪等，應使室內之燃燒廢氣或其他生成物不產生逆流或洩漏至他室，其構造應符合下列規定：

一、排氣筒或煙囪之頂端開放在燃氣設備排氣管道間內時，排氣筒或煙囪在排氣管道間內昇管<u>2</u>公尺以上，或設有<u>逆風檔</u>可有效防止逆流者，該排氣筒或煙囪視同開放至外氣。

二、煙囪內<u>不得</u>設置防火<u>閘門</u>或其他因溫度上昇而影響排氣之裝置。

三、使用燃氣器具室之排氣筒或煙囪，不得與其他換氣通風設備之排氣管、風道或其他類似物相連接。

第82條　(刪除)
〜
第85條　(刪除)

第二節　鍋爐

第86條
☆☆☆
○check

建築物內裝設蒸汽鍋爐或熱水鍋爐，其製造、安裝及燃油之貯存，除應依中華民國國家標準 CNS 2139「陸用鋼製鍋爐」、CNS 10897「小型鍋爐」、鍋爐及壓力容器安全規則或其他有關安全規定外，應依本節規定。

第87條
★☆☆
○check

鍋爐安裝，應依下列規定：

一、應安裝在<u>防火構造</u>之鍋爐間內。鍋爐間應有緊急電源之照明、足量之通風，及適當之消防設備與操作、檢查、保養用之空間。

二、基礎應能承受鍋爐<u>自重</u>、<u>加熱膨脹應力</u>及其他外力。

三、與管路連接處，應設置<u>膨脹接頭</u>及<u>伸縮彎管</u>。

四、應與給水系統連接。如以<u>水箱</u>作為水源時，該水箱應有供應緊急用水之容量，並應裝有存水指示標。

第88條 (刪除)

第三節　熱水器

第89條
☆☆☆
○check

家庭用電氣或燃氣熱水器，應為符合中華民國國家標準之製品或經中央主管檢驗機關檢驗合格之製品，並應符合本節規定。

第90條
★★☆
○check

熱水器之構造及安裝，應依下列規定：

一、應裝有<u>安全閥</u>及<u>逆止閥</u>，其誤差不得超過標定洩放壓之<u>15%</u>。

二、應安裝在<u>防火構造</u>或以<u>不燃材料</u>建造之樓地板或牆壁上。

三、 燃氣熱水器之裝置，應符合
本章第一節燃氣設備及燃氣
熱水器及其配管安裝標準之
有關規定。

第五章 空氣調節及通風設備

第一節 空氣調節及通風設備之安裝

第91條
☆☆☆
○check
建築物內設置空氣調節及通風設
備之風管、風口、空氣過濾器、
鼓風機、冷卻或加熱等設備，構
造應依本節規定。

第92條
NEW
★★☆
○check
機械通風設備及空氣調節設備之
風管構造，應依下列規定：
一、 應採用鋼、鐵、鋁或其他經
中央主管建築機關認可之材
料製造。
二、 應具有適度之氣密，除為運
轉或養護需要面設置者外，
不得開設任何開口。
三、 有包覆或襯裡時，該包覆
或襯裡層均應用不燃材料
製造。有加熱設備時，包覆
或襯裡層均應在適當處所切
斷，不得與加熱設備連接。

四、風管以<u>不貫穿防火牆</u>為原則，如必需貫穿時，其包覆或襯裡層均應在適當處所切斷，並應在貫穿部位任一側之風管內裝設<u>防火閘門</u>。

五、風管貫穿牆壁、樓地板等防火構造體時，貫穿處周圍，應以<u>礦棉</u>或其他<u>不燃材料</u>密封，並設置符合本編第九十四條規定之<u>防火閘板</u>，其包覆或襯裡層亦應在適當處所切斷，不得妨礙防火閘板之正常作用。

六、垂直風管貫穿整個樓層時，風管應設於<u>管道間</u>內。

七、除垂直風管外，風管應設有清除內部灰塵或易燃物質之清掃孔，清掃孔間距以<u>6公尺</u>為度。

八、空氣全部經過噴水或過濾設備再進入送風管者，該送風管得免設前款規定之清掃孔。

九、專供銀行、辦公室、教堂、旅社、學校、住宅等不產生棉絮、塵埃、油汽等類易燃

物質之房間使用之回風管，
且其構造符合下列規定者，
該回風管得免設第七款規定
之清掃孔：

(一) 回風口距離樓地板面之
高度在2.1公尺以上。

(二) 回風口裝有1.8毫米以
下孔徑之不朽金屬<u>網
罩</u>。

(三) 回風管內風速每分鐘不
低於300公尺。

十、風管安裝不得損傷建築物防
火構造體之防火性能，構造
體上設置與風管有關之必要
開口時，應採用<u>不燃材料</u>製
造且具防火時效不低於構造
體防火時效之門或蓋予以嚴
密關閉或掩蓋。

十一、鋼鐵構造建築物內，風管
不得安裝在鋼鐵結構體與
其防火保護層之間。

十二、風管與機械設備連接處，
應設置<u>不燃材料</u>製造之避
震接頭，接頭長度不得大
於<u>25公分</u>。

第93條

★★★

◯check

防火閘門應依左列規定：

一、 其構造應符合本規則建築設計施工編第七十六條第一款甲種防火門窗之規定。

二、 應設有便於檢查及養護防火閘門之<u>手孔</u>，手孔應附有緊密之蓋。

三、 溫度超過正常運轉之最高溫度達攝氏<u>28度</u>時，熔鍊或感溫裝置應即行作用，使防火閘門<u>自動嚴密關閉</u>。

四、 發生事故時，風管即使損壞，防火閘門應仍能確保原位，保護防火牆貫穿孔。

第94條

★★★

◯check

防火閘板之設置位置及構造，應依左列規定：

一、 風管貫穿具有<u>1小時</u>防火時效之<u>分間牆</u>處。

二、 本編第九十二條第六款規定之管道間開口處。

三、 供應<u>2層</u>以上樓層之風管系統：

（一）垂直風管在管道間上之直接送風口及排風口，

或此垂直風管貫穿樓地
板後之直接送回風口。
(二) 支管貫穿管道間與垂直
主風管連接處。

四、 未設管道間之風管貫穿防火
構造之樓地板處。

五、 以熔鍊或感溫裝置操作閘
板，使溫度超過正常運轉之
最高溫度達攝氏28度時，防
火閘板即自動嚴密關閉。

六、 關閉時應能有效<u>阻止空氣流
通</u>。

七、 火警時，應保持關閉位置，
風管即使損壞，防火閘板應
仍能確保原位，並封閉該構
造體之開口。

八、 應以不銹材料製造，並有<u>1
小時半</u>以上之防火時效。

九、 應設有便於檢查及養護防火
閘門之<u>手孔</u>，手孔應附有緊
密之蓋。

第95條
★☆☆
○check

與風管連接備空氣進出風管之進
風口、回風口、送風口及排風口
等之位置及構造，應依左列規定：

一、 空氣中存有易燃氣體、棉絮、
塵埃、煤煙及惡臭之處所，

不得裝設新鮮空氣進風口及
　　　回風口。

二、醫院、育幼院、養老院、學
　　校、旅館、集合住宅、寄宿
　　社等及其他類似建築物之採
　　用中間走廊型者，該走廊不
　　得作為進風或回風用之空氣
　　來源。但集合住宅內廚房、
　　浴、廁或其他有燃燒設備之
　　空間而設有排風機者，該走
　　廊得作為該等空間補充空氣
　　之來源。

三、送風口、排風口及回風口距
　　離樓地板面之高度不得小於
　　7.5公分，但戲院、集會堂等
　　觀眾席座位下設有保護裝置
　　之送風口，不在此限。

四、送風口及排風口距離樓地板
　　面之高度不足210公分時，
　　該等風口應裝孔徑不大於1.2
　　公分之柵柵或金屬網保護。

五、新鮮空氣進風口應裝設在不
　　致吸入易燒物質及不易著火
　　之位置，並應裝有孔徑不大
　　於1.2公分之不銹金屬網罩。

六、風口應為不燃材料製造。

第96條
☆☆☆
◯check

空氣過濾器應為不自燃及接觸火焰時不產生濃煙或其他有害氣體之材料製造。

過濾器應有適當訊號裝置,當器內積集塵埃對氣流之阻力超過原有阻力<u>2倍</u>時,應即能發出訊號者。

第97條
★☆☆
◯check

鼓風機之設置,應依左列規定:

一、 應設置在易於修護、清理、檢查及保養之處所。

二、 應與堅固之基礎或支承<u>連接穩固</u>。

三、 鼓風機及所連接之過濾器、加熱或冷卻等調節設備,應設置於與其他使用空間隔離之機房內,該機房應為<u>防火構造</u>。機房開向室外之開口,應裝置堅固之<u>金屬網</u>或欄柵。

四、 前款防火構造之牆及樓地板,其防火時效均不得小於<u>1小時</u>。

五、 鼓風機、單獨設置之送風機或排風機,應在適當位置裝置緊急開關,於緊急事故發生時能迅速停止操作。

技規設備編・空調及通風設備95〜97

3-55

六、鼓風機風量每分鐘超過560立方公尺者，應依左列規定裝設感溫裝置，當溫度超過定格溫度時，該裝置能即時作用，使鼓風機自動停止操作：

（一）攝氏58度定格溫度之感溫裝置，應裝設在回風管內，回風氣流溫度未被新鮮空氣沖低之位置。

（二）定格溫度定在正常運轉最高溫度加攝氏28度之感溫裝置，應裝設在空氣過濾器下游送風主管內之適當位置。

第98條
☆☆☆
○check

機械通風或空氣調節設備之電氣配線，應依本編第一章電氣設備有關之規定。

第99條
☆☆☆
○check

空氣調節設備之冷卻塔，如設置在建築物屋頂上時，應依左列規定：

一、應與該建築物主要構造連接牢固，並應為防震、防風及能抵禦其他水平外力之構造。

二、主要部份應為<u>不燃材料</u>或經中央主管建築機關認為無礙防火安全之方法製造。加熱設備與木料及其他易燃物料間，應保持適當之間距。

第二節　機械通風系統及通風量

第100條
☆☆☆
○check
本規則建築設計施工編第四十三條規定之機械通風設備，其構造應依本節規定。

第101條
★★★
○check
機械通風應依實際情況，採用左列系統：
一、<u>機械送風</u>及<u>機械排風</u>。
二、<u>機械送風</u>及<u>自然排風</u>。
三、<u>自然送風</u>及<u>機械排風</u>。

第102條
★★☆
○check
建築物供各種用途使用之空間，設置機械通風設備時，通風量不得小於左表規定：

技規設備編・空調及通風設備97～102

房間用途	樓地板面積每平方公尺所需通風量(立方公尺／小時)	
	前條第一款及第二款通風方式	前條第三款通風方式
臥室、起居室、私人辦公室等容納人數不多者。	8	8
辦公室、會客室	10	10
工友室、警衛室、收發室、詢問室。	12	12
會議室、候車室、候診室等容納人數較多者。	15	15
展覽陳列室、理髮美容院。	12	12
百貨商場、舞蹈、棋室、球戲等康樂活動室、灰塵較少之工作室、印刷工場、打包工場。	15	15
吸煙室、學校及其他指定人數使用之餐廳。	20	20
營業用餐廳、酒吧、咖啡館。	25	25
戲院、電影院、演藝場、集會堂之觀眾席。	75	75
廚房 營業用	60	60
廚房 非營業用	35	35
配膳室 營業用	25	25
配膳室 非營業用	15	15
衣帽間、更衣室、盥洗室、樓地板面積大於15平方公尺之發電或配電室	-	10
茶水間		15
住宅內浴室或廁所、照相暗室、電影放映機室	-	20
公共浴室或廁所、可能散發毒氣或可燃氣體之作業工場	-	30
蓄電池間		35
汽車庫		25

第三節　廚房排除油煙設備

第103條
☆☆☆
○check

本規則建築設計施工編第四十三條第二款規定之排除油煙設備、包括<u>煙罩</u>、<u>排煙管</u>、<u>排風機</u>及<u>濾脂網</u>等，均應依本節規定。

第104條
★☆☆
○check

煙罩之構造，應依左列規定：

一、應為厚度<u>1.27公厘</u>(18號)以上之鐵板，或厚度<u>0.95公厘</u>(20號)以上之不銹鋼板製造。

二、所有接縫均應為<u>水密性焊接</u>。

三、應有瀝油槽，寬度不得大於<u>4公分</u>，深度不得大於<u>6公厘</u>，並應有適當坡度連接金屬容器，容器容量不得大於<u>4公升</u>。

四、與易燃物料間之距離不得小於<u>45公分</u>。

五、應能將燃燒設備完全蓋罩，其下邊距地板面之高度不得大於<u>210公分</u>。煙罩本身高度不得小於<u>60公分</u>。

六、煙罩四週得將裝置燈具，該項燈具應以鐵殼及玻璃密封。

第105條　連接煙罩之排煙管，其構造及位置應依左列規定：

★☆☆
○check

一、應為厚度 <u>1.58公厘</u> (16號)以上之鐵板，或厚度 <u>1.27公厘</u> (18號)以上之不銹鋼板製造。

二、所有接縫均應為 <u>水密性焊接</u>。

三、應就最近捷徑通向 <u>室外</u>。

四、垂直排煙管應設置 <u>室外</u>，如必需設置室內時，應符合本編第九十二條第六款規定加設管道間。

五、不得貫穿任何防火構造分間牆及防火牆，並不得與建築物任何其他管道連通。

六、轉向處應設置 <u>清潔孔</u>，孔底距離橫管管底不得 <u>小於4公分</u>，並設與管身相同材料製造之嚴密孔蓋。

七、與易燃物料間之距離，不得小於 <u>45公分</u>。

八、設置於室外之排煙管，除用不銹鋼板製造者外，其外面應塗刷 <u>防銹塗料</u>。

九、垂直排煙管底部應設有沉渣阱，沉渣阱應附有適應清潔孔。

十、排煙管應伸出屋面至少**1公尺**。排煙管出口距離鄰地境界線、進風口及基地地面不得小於**3公尺**。

第106條
☆☆☆
○check

排煙機之裝置，應依左列規定：

一、排煙機之電氣配線不得裝置在排煙管內，並應依本編第一章電氣設備有關規定。

二、排煙機為隱蔽裝置者，應在廚房內適當位置裝置運轉指示燈。

三、應有檢查、養護及清理排煙機之適當措施。

四、排煙管內風速每分鐘不得小於**450公尺**。

五、設有煙罩之廚房應以**機械**方法補充所排除之空氣。

第107條
☆☆☆
○check

濾脂網之構造，應依左列規定：

一、應為**不燃材料**製造。

二、應安裝固定，並易於拆卸清理。

三、下緣與燃燒設備頂面之距離，不得小於**120公分**。

四、與水平面所成角度不得小於**45度**。

五、 下緣應設有符合本編第一〇四條第三款規定之瀝油槽及金屬容器。

六、 濾脂網之構造，不得減小排煙機之排風量，並不得減低前條第四款規定之風速。

第六章 昇降設備

第一節 通則

第108條
☆☆☆
○check
建築物內設置昇降機、昇降階梯或其他類似昇降設備者，仍應依本規則建築設計施工編有關樓梯之規定設置樓梯。

第109條
★★★
○check
本章所用技術用語，應依下列規定：

一、 設計載重：昇降機或昇降階梯達到設計速度時所能負荷之最大載重量。

二、 設計速度：昇降機廂承載設計載重後所能達到之最大上升速度(鋼索式昇降機)或下降速度(油壓式昇降機)；或依昇降階梯傾斜角度所量得之速度。

三、<u>平衡錘</u>：平衡昇降機廂靜載重及部分設計載重之一個或數個重物。

四、安全裝置：操作時停止昇降機廂或平衡錘，並保持機廂或平衡錘<u>不脫離導軌</u>之機械裝置。

五、昇降機廂：昇降機載運其設計載重之<u>廂體</u>。

六、昇降送貨機：機廂底面積<u>1平方公尺</u>以下，及機廂內淨高度**1.2公尺**以下之專為<u>載貨物</u>之昇降機。

七、機廂頂部安全距離：昇降機機廂抵達最高停止位置且與出入口地板水平時，該機廂<u>上樑與昇降機道頂部天花板下面</u>之垂直距離；機廂無上樑者，自機廂上天花板所測得之值。

八、昇降機道機坑深度：由<u>最下層出入口地板面</u>至<u>昇降機道地板面</u>之垂直距離。

第109-1條 (刪除)

第二節　昇降機

第110條
★★☆
○check

供昇降機廂上下運轉之昇降機道，應依下列規定：

一、昇降機道內除機廂及其附屬之器械裝置外，不得裝置或設置任何物件，並應留設適當空間，以保持機廂運轉之安全。

二、同一昇降機道內所裝機廂數，不得超過4部。

三、除出入門及通風孔外，昇降機道四周應為防火構造之密閉牆壁，且有足夠強度以支承機廂及平衡錘之導軌。

四、昇降機道內應有適當通風，且不得與昇降機無關之管道兼用。

五、昇降機出入口處之樓地板面，應與機廂地板面保持平整，其與機廂地板面邊緣之間隙，不得大於4公分。

六、昇降機應設有停電復歸就近樓層之裝置。

第111條
★★☆
〇check

機廂頂部安全距離及機坑深度不得小於下表規定：

昇降機之設計速度 （公尺／分鐘）	頂部安全距離 （公尺）	機坑深度 （公尺）
45 以下	1.2	1.2
超過 45 至 60 以下	1.4	1.5
超過 60 至 90 以下	1.6	1.8
超過 90 至 120 以下	1.8	2.1
超過 120 至 150 以下	2.0	2.4
超過 150 至 180 以下	2.3	2.7
超過 180 至 210 以下	2.7	3.2
超過 210 至 240 以下	3.3	3.8
超過 240	4.0	4.0

第112條
★☆☆
〇check

機坑之構造應依下列規定：

一、機坑在地面以下者應為防水構造，並留有適當之空間，以保持操作之安全。機坑之直下方另有其他之使用者，機坑底部應有足夠之安全強度，以抵抗來自機廂之任何衝擊力。

二、應裝設符合中華民國國家標準CNS 2866規定之照明設備。

三、機坑深度在1.4公尺以上時，應裝設有固定之爬梯，使維護人員能進入機坑底。

四、相鄰昇降機機坑之間應隔
開。

第113條 (刪除)

第114條 (刪除)

第115條 昇降機房應依下列規定：

★☆☆
○check

一、機房面積須大於昇降機道水
平面積之**2倍**。但無礙機械
配設及管理，並經主管建築
機關核准者，不在此限。

二、機房內淨高度不得小於下表
現定：

昇降機設計速度(公尺／分鐘)	機房內淨高度(公尺)
60以下	2.0
超過60至150以下	2.2
超過150至210以下	2.5
超過210	2.8

三、須有有效通風口或通風設
備，其通風量應參照昇降機
製造廠商所規定之需要。

四、其有設置樓梯之必要者，樓
梯寬度不得小於<u>70公分</u>，與
水平面之傾斜角度不得大於
<u>60度</u>，並應設置<u>扶手</u>。

五、 機房門不得小於 <u>70</u> 公分寬，<u>180</u> 公分高，並應為附鎖之<u>鋼製</u>門。

第116條 (刪除)

第117條
★★☆
○check
昇降機於同一樓層不得設置超過 <u>2</u> 處之出入口，且出入口不得同時開啟。

第118條
★☆☆
○check
支承昇降機之樑或版，應能承載該昇降機之<u>總載量</u>。
前項所指之總載量，應為裝置於樑或版上各項機件重量與機廂及其設計載重在靜止時所產生最大重量和之 <u>2</u> 倍。

第119條 (刪除)

第120條 (刪除)

第三節　自動樓梯

第121條
☆☆☆
○check
昇降階梯之構造，應依下列規定：
一、 須不致夾住人或物，並不與任何障礙物衝突。
二、 額定速度、坡度及揚程高度應符合中華民國國家標準 CNS 12651 之相關規定。

第122條
☆☆☆
○check

昇降階梯梯底及放置機械處所四周，應為<u>不燃材料</u>所建造。

前項放置機械處所，均應設有<u>通風口</u>。

第123條 (刪除)

第124條 (刪除)

第125條
☆☆☆
○check

昇降階梯踏階兩側應設置符合中華民國國家標準 CNS 12651規定之欄杆，其臨向梯級面，應平滑而無任何突出物。

第125-1條
★☆☆
○check

昇降階梯之扶手上端外側與建築物天花板、樑等構造或其他昇降階梯等設備之水平距離小於<u>50公分</u>時，應於上述構造、設備之底部設置符合下列規定之<u>防夾保護板</u>，以確保使用者之安全：

一、 防夾保護板應為<u>6公釐</u>以上無尖銳角隅之板材。

二、 其高度應延伸至扶手上端以下<u>20公分</u>。

三、 防夾保護板於碰撞時應具有<u>滑動</u>功能。

第126條 (刪除)
〜
第128條 (刪除)

第129條 昇降階梯應設有自動停止之<u>安全</u>
★☆☆ <u>裝置</u>，並於昇降階梯出入口附近
○check 且易於操作之位置設置<u>緊急停止</u>
<u>按鈕</u>開關。
前項安全裝置之構造應符合中華
民國國家標準 CNS 12651 之相關
規定。

第四節 服務昇降機

第130條 昇降送貨機之昇降機道，應使用
☆☆☆ <u>不燃材料</u>建造，其開口部須設有
○check <u>金屬門</u>。

第131條 (刪除)

第132條 應裝置<u>連動開關</u>使當昇降機道所
☆☆☆ 有之門未緊閉前，應無法運轉昇
○check 降機。

第七章 受信箱設備

第133條
☆☆☆
○check

供作住宅、辦公、營業、教育或依其用途需要申請編列門牌號碼接受郵局投遞郵件之建築物,均應設置受信箱,其裝設方法及規格如下:

一、裝設位置:
- (一) 平房建築每編列一門牌號碼者,均應在大門上或門旁牆壁上裝設。
- (二) 2樓以上及地下層之建築,每戶應於地面層主要出入口之牆壁或大門上裝設。
- (三) 前目裝置處所之光線必須充足,且鄰接投遞人員或車輛進出之通路。

二、裝設高度:受信箱裝設之高度,應以投信口離地高度在 <u>80公分</u>至<u>180公分</u>為準。

三、裝設要領:
- (一) 裝設於牆壁者,得採用懸掛或嵌入方式,投信口均應向外。
- (二) 裝設於大門者,投信口應向外。

　　　　　　(三) 裝置應力求牢固。
　　四、製作材料、型式及規格應符
　　　　合中華民國國家標準受信箱
　　　　之規定。

第134條　裝置之受信箱應符合下列規定，
☆☆☆　　並能辨識其所屬門牌地址：
○check　　一、同一建築物內設有2戶以上，
　　　　　　其受信箱上並應依下列方式
　　　　　　標明：
　　　　　　(一) 公司行號機關團體之名
　　　　　　　　稱。
　　　　　　(二) 外國人或外國團體得另
　　　　　　　　附英文姓氏或名稱。
　　　　二、標註位置：投信口之下方。

第135條　(刪除)

第八章 電話設備

第136條　建築物電信設備應依建築物電信
☆☆☆　　設備及空間設置使用管理規則及
○check　　建築物屋內外電信設備工程技術
　　　　　規範規定辦理。

第137條　(刪除)

第138條

☆☆☆
〇check

建築物為收容第一類電信事業之電信設備，供建築物用戶自用通信之需要，配合設置單獨電信室時，其面積應依建築物電信設備及空間設置使用管理規則規定辦理。

建築物收容前項電信設備與建築物安全、監控及管理服務之資訊通信設備時，得設置設備室，其供電信設備所需面積依前項規則規定辦理。

第138-1條

★☆☆
〇check

建築物設置符合下列規定之中央監控室，屬建築設計施工編第一百六十二條規定之機電設備空間，得與同編第一百八十二條、第二百五十九條及前條第二項規定之中央管理室、防災中心及設備室合併設計：

一、四周應以不燃材料建造之牆壁及門窗予以分隔，其內部牆面及天花板，以不燃材料裝修為限。

二、應具備監視、控制及管理下列設備之功能：

(一) 電氣、電力設備。

(二) 消防安全設備。

(三) 排煙設備及通風設備。

(四) 緊急昇降機及昇降設
備。但建築物依法免裝
設者,不在此限。

(五) 連絡通信及廣播設備。

(六) 空氣調節設備。

(七) 門禁保全設備。

(八) 其他必要之設備。

第139條 (刪除)
〜
第144條 (刪除)

建築法規隨身讀(第二冊)

作　者：江　軍　彙編
企劃編輯：郭季柔
文字編輯：江雅鈴
設計裝幀：張寶莉
發 行 人：廖文良

發 行 所：碁峰資訊股份有限公司
地　　址：台北市南港區三重路 66 號 7 樓之 6
電　　話：(02)2788-2408
傳　　真：(02)8192-4433
網　　站：www.gotop.com.tw
書　　號：ACR01000002
版　　次：2021 年 09 月初版
建議售價：NT$990（全套五冊）

國家圖書館出版品預行編目資料

建築法規隨身讀 / 江軍彙編. -- 初版. -- 臺北市：碁
　峰資訊, 2021.09
　　冊；　公分
　　ISBN 978-986-502-879-4(全套：平裝)
　1.營建法規
441.51　　　　　　　　　　　　　　110009873

讀者服務

● 感謝您購買碁峰圖書，如果您對本書的內容或表達上有不清楚的地方或其他建議，請至碁峰網站：「聯絡我們」\「圖書問題」留下您所購買之書籍及問題。（請註明購買書籍之書號及書名，以及問題頁數，以便能儘快為您處理）
http://www.gotop.com.tw

● 售後服務僅限書籍本身內容，若是軟、硬體問題，請您直接與軟、硬體廠商聯絡。

● 若於購買書籍後發現有破損、缺頁、裝訂錯誤之問題，請直接將書寄回更換，並註明您的姓名、連絡電話及地址，將有專人與您連絡補寄商品。